Praxis der Erhaltung von Bauten

Herausgegeben
von der Österreichischen Gesellschaft
zur Erhaltung von Bauten

Alfred Pauser (Hrsg.)

Unterirdische Kanalsanierung

Springer-Verlag Wien New York

o. Univ.-Prof. Dipl.-Ing. Dr. Alfred Pauser
Technische Universität Wien
Vizepräsident der ÖGEB
Leiter des Arbeitskreises „Städtische Infrastruktur“

Gefördert aus Mitteln des Bundesministeriums
für Wirtschaftliche Angelegenheiten – Wohnbauforschung

Mit 50 Abbildungen

CIP-Titelaufnahme der Deutschen Bibliothek

Unterirdische Kanalisierung / Alfred Pauser (Hrsg.).
[Autorenverz. A. Pauser . . .]. – Wien ; New York :
Springer, 1988
(Praxis der Erhaltung von Bauten)
ISBN-13:978-3-211-82097-1 e-ISBN-13:978-3-7091-9016-6
DOI: 10.1007/978-3-7091-9016-6

NE: Pauser, Alfred [Hrsg.]

ISSN 0935-0101
ISBN-13:978-3-211-82097-1

Geleitwort

Mit dem Fachbericht „Unterirdische Kanalsanierung“ liegt der erste Band der Reihe „Praxis der Erhaltung von Bauten“ vor, deren primäre Funktion es ist, dem mit Sanierungsfragen konfrontierten Techniker eine wesentliche Hilfestellung hinsichtlich konstruktiver Probleme zu bieten; in Anbetracht des in letzter Zeit drastisch gestiegenen Sanierungsbedarfes bei Entsorgungsleitungen beschäftigt sich das erste Buch dieser Reihe mit dem Gebiet der Kanalisation bzw. Kanalsanierung.

Schwerpunkt der weiteren Bände der Reihe „Praxis der Erhaltung von Bauten“ soll die Erörterung konstruktiver Fragen der Sanierung von Hochbauten sein; diese Publikationen werden sich daher u. a. mit den folgenden drei Problemkreisen bzw. Fachbereichen auseinandersetzen:

- Charakteristika der Bausubstanz (Konstruktionselemente)
- Sanierung von Holzdeckenkonstruktionen
- Methoden der Trockenlegung.

„Dicunt utique Philosophi: Natura nihil agit frustra, et frustra fit per plura quod fieri potest per pauciora. Natura enim simplex est et rerum causis superfluis non luxuriat.“
(Newton, Principia Mathematica, Regulae Philosophandi I)

Wien, im Juni 1988

Alfred Pauser

Vorwort

Das vorliegende Buch stellt den Abschlußbericht der im Rahmen des Arbeitskreises „Städtische Infrastruktur" der Österreichischen Gesellschaft zur Erhaltung von Bauten (ÖGEB) tätigen Fachgruppe „Sanierung von Entsorgungskanälen" dar.

Der Bericht ist der erste Band einer Reihe gleichartiger Publikationen, die aktuelle technische Probleme der Sanierung von Bauwerken behandeln und den jeweiligen Wissensstand an die in der Praxis tätigen Baufachleute wie auch an die Bauherren und Planer weitergeben sollen.

Der Dank der ÖGEB gilt daher insbesondere dem Springer-Verlag in Wien, der durch die Aufnahme der ÖGEB-Arbeitsberichte in das Verlagsprogramm diese Zielsetzungen unterstützt.

Die genannten Autoren sind mit den Mitarbeitern der Fachgruppe identisch. Hierbei handelt es sich um Vertreter der Bauherrenseite (Kommunalverwaltung), der Planer, von Prüfanstalten und ausführenden Firmen. Die Mitarbeiter haben sich bereit erklärt, neben ihrer Tätigkeit durch persönlichen Einsatz – vielfach auf Kosten der Freizeit – zur Arbeit in der Fachgruppe und zum Entstehen des Abschlußberichtes beizutragen.

Die Betreuung der Arbeitskreise innerhalb der ÖGEB und die Arbeiten zur Erstellung der Druckvorlage werden aufgrund einer Förderung im Rahmen der Wohnbauforschung des Bundesministeriums für wirtschaftliche Angelegenheiten der Republik Österreich ermöglicht.

Danken im Hinblick auf das Zustandekommen des Bandes dürfen wir außerdem Frau Dr. Ulrike Silli für die Übernahme des Lektorats und die Erstellung der Satzvorlagen sowie Herrn Franz Frosch für die graphische Gestaltung der Abbildungen.

Wien, im Juni 1988

Alfred Pauser

(im Namen der Autoren)

Autorenverzeichnis

o. Univ.-Prof. Dipl.-Ing. Dr. A. Pauser, Technische Universität Wien

Senatsrat Dipl.-Ing. G. Adam, Magistrat der Stadt Wien, Magistratsabteilung 30

Univ.-Ass. Dipl.-Ing. DDr. E. Bölcskey, Technische Universität Wien

Senatsrat Dipl.-Ing. P. Bortenschlager, Magistrat der Stadt Wien, Magistratsabteilung 30

Prok. Obering. H. K. Buresch, Hazet BaugesmbH, Wien

Dir. Dipl.-Ing. K. Doutlik, Eternit-Werke L. Hatschek AG

Dipl.-Ing. Dr. techn. M. Fenz, Zivilingenieur für Bauwesen

Dipl.-Ing. J. Hartmann, Wienerberger Baustoffindustrie AG

Dipl.-Ing. R. Hayden, Perlmooser Zementwerke AG

ao. Univ.-Prof. Dipl.-Ing. Dr. techn. O. Hinterhofer, Österreichisches Kunststoffinstitut

Dir. Dipl.-Ing. E. Holl, Neue Reformbau GesmbH

Obering. Dr. techn. F. Howanietz, Allg. Baugesellschaft - A. Porr AG

Dipl.-Ing. Dr. F. Jung, Perlmooser Zementwerke AG

Dipl.-Ing. H. Klenovec, Ingenieurbüro Pauser-Klenovec

Ing. K. Köckenberger, Eternit-Werke L. Hatschek AG

Dipl.-Ing. Dr. techn. A. Kolbitsch, ÖGEB

Dipl.-Ing. Dr. P. Kremnitzer, Österreichisches Kunststoffinstitut

Univ.-Doz. Dipl.-Ing. Dr. N. Matsche, Technische Universität Wien

Univ.-OAss. Dipl.-Ing. Dr. techn. P. Maydl, Technische Universität Wien

Dipl.-Ing. Dr. techn. P. Preindl, Neue Reformbau GesmbH

Dipl.-Ing. H. Schlosser, Hazet BaugesmbH, Wien

Ing. R. Schmitzer, Wienerberger Baustoffindustrie AG

Obering. Dipl.-Ing. W. Schreder, Allg. Baugesellschaft - A. Porr AG

Obering. Dipl.-Ing. A. Strobl, Allg. Baugesellschaft - A. Porr AG

Dipl.-Ing. Dr. techn. R. Travnicek, Universale-Bau AG

Dir.-Stv. Prok. Dipl.-Ing. W. Welzig, Allg. Baugesellschaft - A. Porr AG

Geschäftsführer Ing. K. Woracsek, Aumann, Keller & Pichler KG

Inhaltsverzeichnis

1. EINLEITUNG

1.1. ZIELGRUPPEN DES VORLIEGENDEN ARBEITSBERICHTES

Im Rahmen des Arbeitskreises "Städtische Infrastruktur" der ÖSTERREICHISCHEN GESELLSCHAFT ZUR ERHALTUNG VON BAUTEN (ÖGEB) wurde in der Fachgruppe "Sanierung von Entsorgungskanälen" der vorliegende Arbeitsbericht erstellt. Es handelt sich um einen State-of-art-Bericht, der die Methoden zur Sanierung von Entsorgungskanälen auflistet und hinsichtlich ihrer Anwendbarkeit in Zusammenhang mit den Randbedingungen analysiert. Das Hauptgewicht wurde auf diejenigen Sanierungsmethoden gelegt, die in geschlossener Bauweise durchgeführt werden können. Die konventionelle Kanalsanierung, die einem Neubau in oder neben der alten Trasse entspricht, wurde als bekannt vorausgesetzt und daher nur gestreift.

Durch diesen Bericht sollen jene Personengruppen angesprochen werden, die mit der Sanierung von Abwasserkanälen direkt oder indirekt betraut sind und eine aktuelle, möglichst objektive Information über den derzeitigen Entwicklungsstand der einschlägigen Verfahrenstechniken suchen. Bei der Erarbeitung des umfangreichen Gebietes wurde auf die unterschiedlichen Erwartungen dieses Leserkreises durch den im folgenden skizzierten Aufbau des Buches reagiert:

Der lediglich an der Auswahl eines Sanierungsverfahrens aufgrund von bekannten Schäden interessierte Leser findet im Kapitel "Sanierungsverfahren" eine Matrix, die den Zusammenhang zwischen Schadensbild und Sanierungsverfahren in Abhängigkeit von der Bauart des vorhandenen Kanals darstellt. Die Verfahren werden außerdem in ihren wesentlichen technischen Kenndaten beschrieben und durch Darstellungen erläutert.

Da die einzelnen Verfahren fast durchwegs auf Firmenentwicklungen basieren und zum Teil durch Patentanmeldungen geschützt sind, andererseits der objektive Charakter des Buches gewahrt werden sollte, wurden die Beschreibungen der Verfahren jeweils zweigeteilt. In einem ersten, technischen Abschnitt wird die Sanierungsmethode in den verfahrenstechnisch wesentlichen Punkten neutral (ohne Nennung von Firmenbezeichnungen, Lizenzgebern etc.) beschrieben. Firmen- und produktspezifische Angaben sind den Literaturangaben zu den einzelnen Kapiteln bzw. dem Abschnitt "Quellenhinweise" zu entnehmen.

Dem an den technischen Grundlagen interessierten Leser, der sich einen fundierten Überblick über den gesamten Fragenkomplex verschaffen will, wird neben einer ausführlichen Beschreibung der Eigenschaften der bei den angeführten Verfahren verwendeten Werkstoffe auch eine Zusammenstellung der Untersuchungsmethoden zur Ermittlung des Bauzustandes eines Kanals in den entsprechenden Kapiteln gegeben.

Der erste Abschnitt des Berichtes bringt außer einer kurzen geschichtlichen Darstellung - mit dem Hauptaugenmerk auf den für die Sanierung wesentlichen Faktoren - der Abwasserkanäle einen allgemeinen Zustandsbericht am Beispiel der städtischen Entsorgungskanäle Wiens und eine Zusammenfassung der bei der Konzeption von Sanierungsmaßnahmen zu beachtenden physikalischen und chemischen Randbedingungen.

Der zweite Abschnitt der Untersuchungen setzt sich mit den bei den einzelnen Sanierungsverfahren verwendeten Werkstoffen auseinander und richtet sich an den Leserkreis, der über die Verfahrensbeschreibungen hinaus eine tiefergehende Hintergrundinformation erwartet. In diesem enzyklopädisch gestalteten Kapitel werden daher hauptsächlich jene Werkstoffeigenschaften behandelt, die über die von den konventionellen Anwendungen bekannten hinausgehen.

Die Werkstoffeigenschaften sowie die heranzuziehenden Prüfverfahren werden in den betreffenden Abschnitten nach Werkstoffgruppen getrennt angeführt, um die Übersichtlichkeit zu gewährleisten. Aufgrund der gleichen Überlegungen wurden die wesentlichsten Eigenschaften (in bezug auf das behandelte, spezielle Einsatzgebiet) in Datenblättern festgehalten; dadurch sollte eine weitgehende Vergleichbarkeit erzielt werden.

Im dritten Kapitel wird auf die Erkundung bestehender Kanalanlagen und die derzeit dazu zur Verfügung stehenden technischen Einrichtungen eingegangen, da die vorbereitenden Erhebungen das Gelingen von Sanierungsmaßnahmen - zumindest hinsichtlich der wirtschaftlichen Überlegungen - entscheidend beeinflussen. Neben den bekannten Verfahren der optischen Erkundung mit Video-Systemen und der Dichtheitsprüfung werden in einem eigenen Abschnitt weniger bekannte Methoden der zerstörungsarmen Überprüfung diskutiert.

Der eigentlichen Beschreibung der Sanierungsverfahren vorangestellt wurde ein Abschnitt, der sich mit dem Problem der Aufrechterhaltung des Betriebes während der Sanierungsmaßnahmen auseinandersetzt. Dabei wird eine Möglichkeit der Umleitung von anfallenden Abwässern um die Sanierungsstrecke vorgestellt, die in projektbezogener Adaptierung diese der Anwendung von Sanierungsmethoden oft entgegenstehenden Schwierigkeiten überwinden helfen könnte.

Den Hauptabschnitt des Buches bildet die Beschreibung der zur Zeit im Bereich der Kanalsanierung angewendeten Verfahren.
Um dem mit einem konkreten Schadensfall konfrontierten Leser rasch die wesentlichen Informationen zu geben, findet sich am Ende des Kapitels eine tabellarische Zusammenstellung der bei den häufigsten Schadenstypen anwendbaren Sanierungsverfahren. Die Auflistung der Schäden entspricht den im Einleitungskapitel behandelten Zustandsbildern städtischer Abwasserleitungen; die Verfahren sind in der gleichen Reihenfolge wie in der detaillierten Behandlung wiedergegeben.

Die einzelnen Verfahren werden in ihren grundlegenden technischen und anwendungsbezogenen Eigenschaften präsentiert; großes Augenmerk wurde auf die Angabe von Kenndaten und die Darstellung wesentlicher Montagevorgänge in schematischen Abbildungen gelegt. Nach den angestrebten Ergebnissen der Sanierungsverfahren wurden unterschieden:

- Abdichtende Systeme
- Abdichtende, mit- sowie selbsttragende Systeme
- Verfahren der Herstellung in alter Trasse.

Methoden zur Sanierung von Hauskanälen werden aufgrund der Zielsetzung des Buches zwar bei den jeweiligen Verfahrensbeschreibungen mitbehandelt, jedoch nicht in einem eigenen Abschnitt zusammengefaßt.

Im Hinblick auf den Ausschreibenden, der die vorgestellten Sanierungsverfahren berücksichtigen will, bringt der Abschnitt "Hinweise zur Ausschreibung" zwar keinen vollständigen Ausschreibungstext - dies wäre wegen der projektbezogenen Unterschiede kaum möglich; es werden jedoch die wesentlichen, den eigentlichen Ausschreibungspositionen voranzustellenden Erläuterungen aufgelistet.

Die Erörterung des Themengebietes wurde grundsätzlich auf die Situation im deutschsprachigen Raum bezogen, wobei die Wiener Verhältnisse als Beispiel für ein in den Grundzügen im vorigen Jahrhundert angelegtes städtisches Kanalsystem dienten.

1.2. GESCHICHTLICHE ENTWICKLUNG

Bevor im Abschnitt "Bauliche Situation - Istzustand" auf die Bauart sowie auf Schäden und Mängel an den städtischen Abwasserkanälen näher eingegangen wird, soll die Entwicklungsgeschichte der Kanäle gestreift werden, um das Verständnis für die gegenwärtigen Probleme in bezug auf den Altbestand zu erleichtern.
Diese historische Betrachtung orientiert sich zwar an dem für die Gemeinde Wien vorliegenden Zahlenmaterial, doch kann - unter Beachtung lokaler Besonderheiten - von einer parallelen Entwicklung in anderen Kommunen des deutschsprachigen Raumes ausgegangen werden.

Da Wien - wie viele andere Städte unseres Kulturkreises - auf eine römische Ansiedlung zurückgeht, wurden auch hier die ersten unterirdischen Leitungen zur Beseitigung von Niederschlags- und Schmutzwässern durch die römische Besatzungsmacht angelegt. In "Vindobona" wurde dieses erste Kanalnetz um das erste Jahrhundert n. Chr. durch die 13. Legion ausgebaut. Für die kleineren Querschnitte wurden Rohre aus gebranntem Ton verwendet, die größeren Sammler hatten Sohlverkleidungen aus Dachziegeln und Abdeckungen aus Steinplatten. Die Oberflächenwässer der Straßen wurden durch gelochte Steinplatten in die Kanäle geleitet.

Bis zum späteren Mittelalter verfielen diese Kanalisationen nach der Zerstörung der Stadt während der Völkerwanderung. Dann wurden sogenannte Möhrungen (unterirdische, gemauerte Leitungen) errichtet, die die Abwässer jedoch nur bis zum nächsten offenen Gerinne leiteten. Hinweise existieren, daß zur Zeit der Türkenbelagerung 1683 die innerhalb der Stadtmauer liegenden Gebäude bereits vollständig durch die Kanalisation erfaßt waren.

Mit dem raschen Wachstum der Vorstädte in den folgenden Jahrzehnten wuchs auch das Kanalnetz. Die Abwässer wurden aber nur bis zu den nächstliegenden offenen Wasserläufen geführt, deren Zustand sich immer mehr verschlechterte. Ab der zweiten Hälfte des 18. Jahrhunderts wurden daher Möglichkeiten gesucht, speziell für den besonders betroffenen Wienfluß Abhilfe zu schaffen. Den letzten Anstoß zur Errichtung des Wienflußsammelkanals gab eine im Jahr 1830 auf eine Überschwemmung folgende Choleraepidemie. Bereits 1831 wurde der Bau des rechten Wienflußsammlers in Angriff genommen, 1836 mit der Errichtung des linken Wienflußsammlers begonnen.- Im Volksmund wurden diese Kanalbauten unter Berücksichtigung ihrer Entstehung als "Cholerakanäle" bezeichnet.

In den folgenden Jahren wurden weitere, die Stadt durchziehende Bäche eingewölbt und so ins Kanalnetz eingebunden: Ottakringer Bach, Alsbach und Währinger Bach. Von 1830 bis 1843 wurden insgesamt mehr als 14km großer Sammelbauten errichtet. Dies war - auf mitteleuropäische Verhältnisse bezogen - eine absolute Pionierleistung. In Hamburg wurde z.B. mit dem Bau eines geregelten Kanalnetzes erst 1848 begonnen; selbst Paris stellte seine großen Sammler erst in den Jahren 1855 bis 1867 her. In London wurden die Sammler beiderseits der Themse 1858 bis 1875 errichtet, das Frankfurter Kanalnetz 1867, das Berliner 1873 begonnen.
Die nächste rasante Wachstumsphase des Kanalnetzes ging mit der Schleifung der Befestigungsanlagen (Stadtmauer 1857, Linienwall 1890) einher. Zahlreiche Sammelkanäle entstanden durch die Einwölbung von das Stadtgebiet durchziehenden Bächen. Da die meisten städtischen Kanäle in den Donaukanal mündeten, verschlechterte sich der Zustand dieses Donauarmes mit dem fortschreitenden Ausbau des Kanalnetzes. Deshalb wurde gleichzeitig mit der Regulierung des Donaukanales und dessen Umwandlung in einen Handels- und Winterhafen ab 1893 mit der Errichtung der Hauptsammelkanäle angefangen. Diese Arbeiten wurden 1904 abgeschlossen. Durch die Eingemeindung von Siedlungsgebieten am linken Donauufer hatte das Wiener Kanalnetz zu diesem Zeitpunkt bereits eine Gesamtlänge von 757km an Straßenkanälen und 1162km an Hauskanälen.

Durch die Arbeiten der englischen Kanalisationskommission und die beim Bau der Frankfurter, Danziger, Breslauer und Berliner Kanalisation angestellten Studien sowie durch die theoretischen Arbeiten Pettenkofers kam es ab etwa 1870 zu einem Umdenken in bezug auf die Anforderungen an ein Kanalnetz. Ab dieser Zeit wurden ständige Aufzeichnungen über Niederschlags- und Grundwasserbeobachtungen geführt, die geologischen Untergrundverhältnisse der Stadt untersucht. Für die Berechnung der Kanäle stellte man Normen auf; sämtliche Kanalbauten wurden nach einheitlichen Grundlagen projektiert und realisiert.- Parallel dazu wurde die Wiener Städtische Prüfanstalt für Bindemittel gegründet.

Die technische Beschreibung der einzelnen Typen von Kanalquerschnitten geht aus dem folgenden Abschnitt hervor.

Zusammenfassend ist festzuhalten, daß ein großer Teil des städtischen Kanalnetzes in der zweiten Hälfte des vorigen Jahrhunderts gleichzeitig mit dem raschen Wachstum der seinerzeitigen "Haupt- und Residenzstadt" errichtet wurde. Diese Kanäle weisen daher ein durchschnittliches Alter von 100 Jahren auf und sind vielfach noch in Verwendung.

Das Verhältnis der Kanalbauten des vorigen Jahrhunderts zu den in der Zwischenkriegszeit und in der Wiederaufbauphase nach dem Zweiten Weltkrieg errichteten Kanälen macht Abb. 1.1 deutlich.

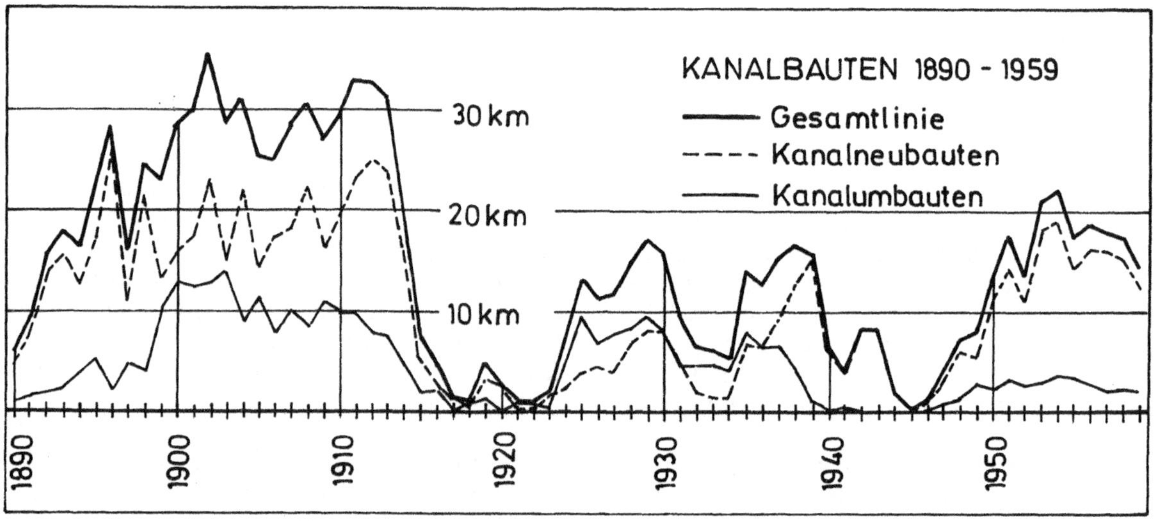

Abb. 1.1: In Wien ausgeführte Kanalbauten von 1890 bis 1959

Der Abfall in den Kanalneubauten nach 1918 ist durch die Abnahme der Bevölkerung in Wien nach dem Verlust großer Gebiete der Donaumonarchie bedingt. Dieses Phänomen ist untypisch und nicht auf die Entwicklung anderer europäischer Städte zu erweitern.

1.3. BAULICHE SITUATION - ISTZUSTAND

Die nachstehenden Abschnitte beinhalten die wesentlichsten Daten des derzeitigen Zustandsbildes für Kanäle, die in ihrer Bauzeit bis in das erste Drittel des vorigen Jahrhunderts zurückreichen. Einerseits werden Lage und Konstruktion der Kanäle, andererseits die typischen Konstruktionsmerkmale besprochen. Einem eigenen Unterabschnitt ist die Beschäftigung mit den in den letzten Jahren verstärkt festgestellten Schäden vorbehalten.

1.3.1. LAGE UND KONSTRUKTION DER STRASSENKANÄLE

Die Ausführungen beschränken sich auf Straßenkanäle, da eine Auseinandersetzung mit Hauskanälen bzw. Hausanschlüssen den Rahmen des Arbeitsberichtes überschreiten würde.

Hinsichtlich der Lage der Kanäle ist zu betonen, daß diese in der Regel in Straßenmitte in einer Tiefenlage von rund 4m (in Wien zwischen 3.80m und 4.50m) unter der Straßenoberfläche angeordnet wurden. Sammelkanäle liegen in einer Tiefenlage von über 5m; ihre Sohle kann bis zu 14m unter der Straßenfahrbahn sein. Das Gefälle der Kanäle wurde seit Einführung genereller Richtlinien im Durchschnitt mit 1% bis 3% festgesetzt.
Die folgende Abbildung zeigt einen Schnitt durch eine Straße mit sämtlichen unterirdischen Einbauten (Kanal aus der Jahrhundertwende).

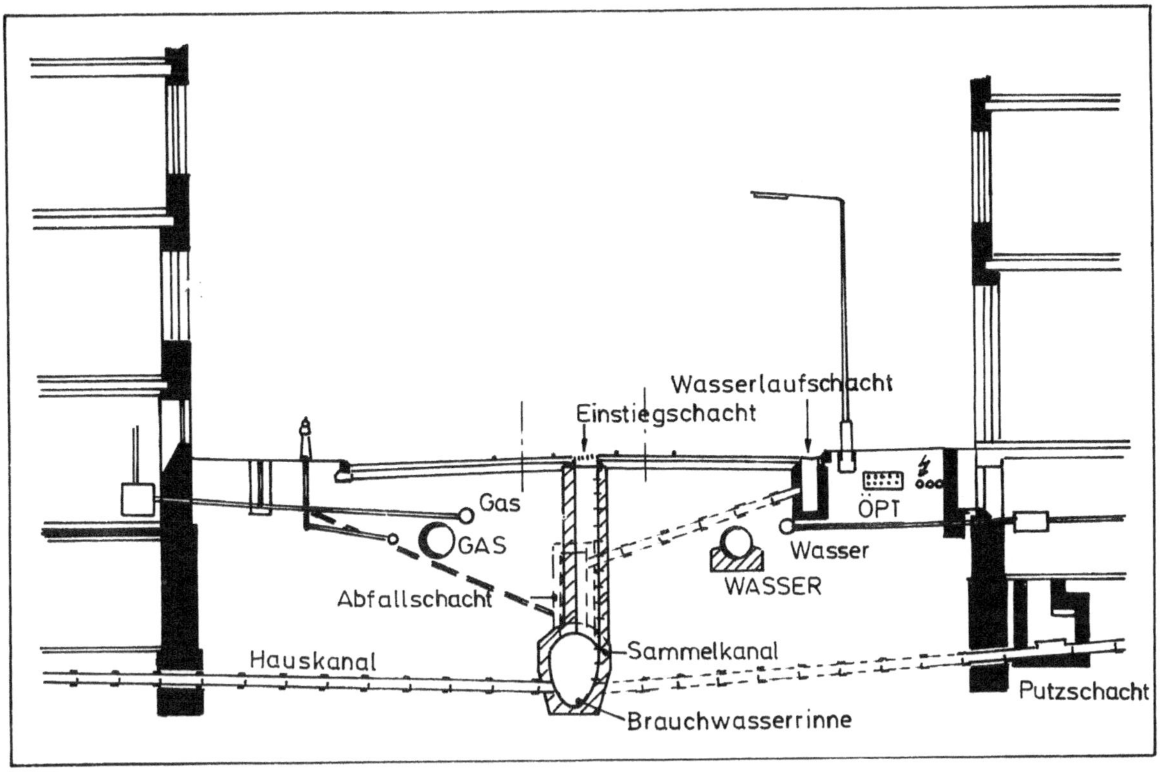

Abb. 1.2: Straßeneinbauten (Kanal aus der Jahrhundertwende)

Mit der Entwicklung des Kanalnetzes im vorigen Jahrhundert wurden bestimmte Profilformen ausgewählt, für deren Herstellung zunächst fast ausschließlich Handschlagziegel zur Anwendung kamen. Für Nebenkanäle wurde bis in die zweite Hälfte des 19. Jahrhunderts (in Wien bis 1859) nur Weißkalkmörtel verwendet, bei größeren Kanalbauten aber bereits ab 1850 (Wien 1843) Mörtel mit hydraulischen Bindemitteln.

Während zu Beginn des vorigen Jahrhunderts Ziegelkanäle mit schwachen Mauern und flacher Sohle errichtet wurden, ging man aufgrund der gewonnenen hydraulischen Kenntnisse zur Ausbildung von Ei-Profilen über, die auch bei schwacher Wasserführung die Bildung von Ablagerungen möglichst verhinderten. Zur gleichen Zeit begann die Herstellung von Kanälen aus Romanzement - richtig als "Hydrauerkalk" (vgl. Kapitel "Materialien") zu bezeichnen - (auf diesen Baustoff wird in einem eigenen Abschnitt im Kapitel "Werkstoffe" eingegangen). Nur für die Ausbildung der Kanalsohlen wurde Portlandzement herangezogen.

Die Erfahrungen mit diesem Material waren so positiv, daß in Wien ab 1884 fast alle Kanalneubauten in Beton hergestellt wurden. Seit der Jahrhundertwende trat an die Stelle des Romanzementes Portland- oder Schlacken- bzw. Hochofenzement.

Um die besonderer Abnützung unterworfenen Kanalsohlen zu schützen, wurden in Sammelkanälen in Wien ab 1875 für die Sohlenausbildung Steinzeugklinker verwendet.
Die Entwicklung der Sohlauskleidungen bei Ei-Profilen ab 1877 ist in Abb. 1.3 wiedergegeben.

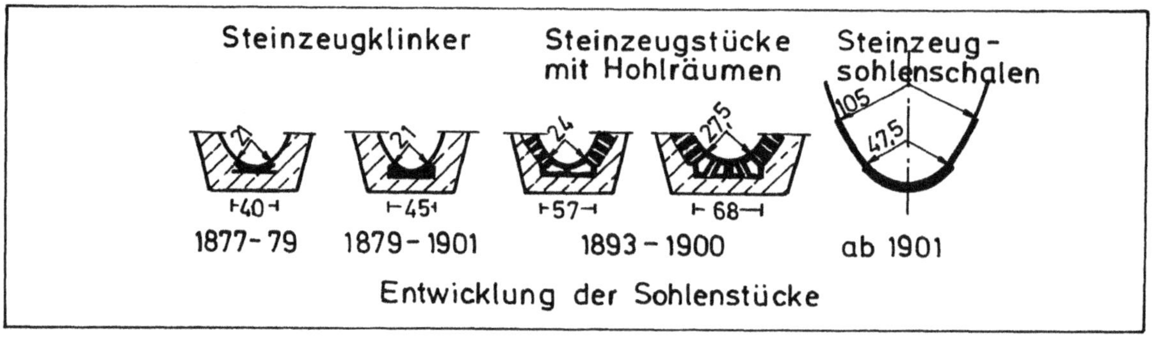

Abb. 1.3: Entwicklung der Sohlauskleidungen von 1877 bis 1901

Eine Zusammenstellung der in den angeführten Materialien ausgebildeten Kanäle findet sich in Abb. 1.4 unter Angabe der Jahreszahlen.
Auf die Darstellung der Einsteigschächte, Putzkammern und Straßenabläufe zu den einzelnen Kanaltypen wird in diesem Zusammenhang verzichtet.

1.4. KANALBESTAND UND KANALZUSTAND

Bei der Behandlung des Bestandes und des Zustandes der Straßenkanäle ist zu betonen, daß sich die Situation in Wien grundsätzlich vom Zustandsbild in anderen Großstädten unterscheidet. Dies geht primär auf die Tatsache zurück, daß die Bevölkerungszunahme in der österreichischen Bundeshauptstadt kurz nach dem Ersten Weltkrieg abrupt abbrach und damit das Kanalsystem im Vergleich zu anderen Städten nur mehr unbedeutend erweitert wurde. Der hohe Anteil an Straßenkanälen, die bereits im vorigen Jahrhundert errichtet wurden, blieb aufgrund der gegenüber anderen Großstädten geringen Zerstörungen im Zweiten Weltkrieg weitgehend erhalten. Diese Ausnahmesituation erlaubt jedoch, die in anderen Städten in geringerem Ausmaß zu erwartenden Sanierungsprobleme anhand der Wiener Situation exemplarisch zu betrachten.

1.4.1. KANALBESTAND IN WIEN

1984 betrug der Bestand an Straßenkanälen in Wien ca. 1700km; ein maßgebender Anteil dieser Kanäle wurde vor dem Ersten Weltkrieg gebaut.
Die Bedeutung der einzelnen Bauphasen für den derzeitigen Bestand soll anhand der folgenden Darstellung beschrieben werden.

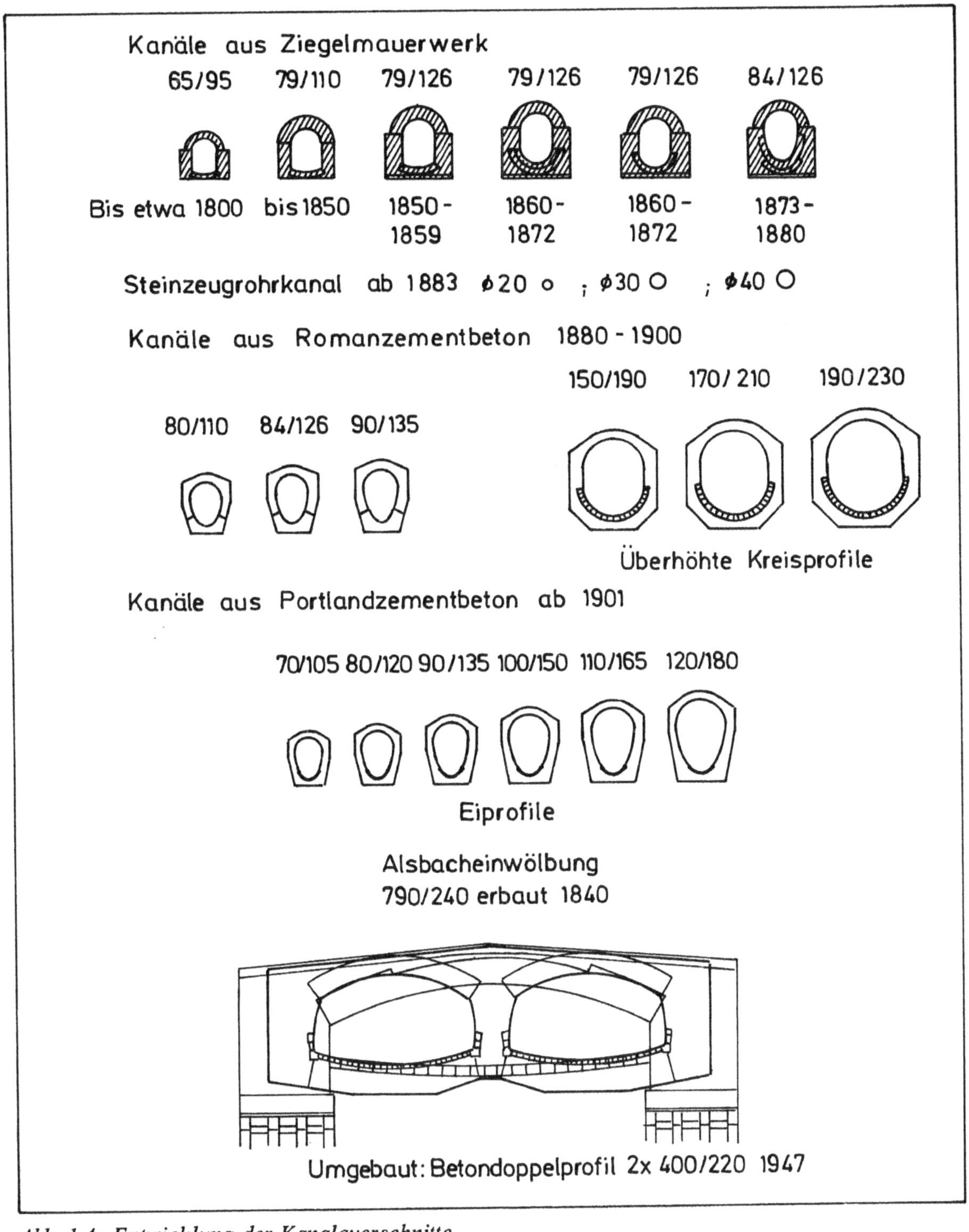

Abb. 1.4: Entwicklung der Kanalquerschnitte

Bis etwa 1870 wurden 100km an Ziegelkanälen errichtet, die noch heute in Gebrauch stehen. Während der sogenannten Gründerzeit wurde das Kanalnetz bedeutend erweitert, so daß 1904 bereits 1162km an Hauskanälen und rund 923km an Straßenkanälen existierten. Bis 1938 wurde das Netz an Straßenkanälen auf 1000km ausgebaut.- Die einzelnen Bauphasen verdeutlicht die nachstehende Darstellung, getrennt nach Kanalneubauten und Kanalumbauten.- Der Begriff "Umbau" definiert in Wien die Neuerrichtung eines Kanalabschnittes in der alten Trasse.

Von den Kanälen aus dem vorigen Jahrhundert sind etwa 100km an Ziegelkanälen und 300km an Hydrauerkanälen erhalten. Diese etwa 100 Jahre alten Abschnitte bilden den Hauptanteil der zu sanierenden Kanäle.

Die Kanalisation ist in der österreichischen Bundeshauptstadt überwiegend als Mischsystem ausgeführt. Niederschlags- und Schmutzwasser werden in einem Querschnitt abgeleitet. In den großen Sammelkanälen längs des Donaukanales und des Wienflusses sind jedoch Regenüberfälle vorhanden. Nur in einigen südlichen Teilen Wiens, im 23. Bezirk sowie an den Südhängen des Wienerberges und des Laaerberges, wurde das Trennsystem (getrennte Ableitung von Niederschlags- und Schmutzwasser) gewählt.

1.4.2. KANALZUSTAND IN WIEN

Die Straßenkanäle aus dem vorigen Jahrhundert wie auch Rohrkanäle jüngerer Bauzeit weisen zum Teil gravierende Schäden auf und bedürfen in den nächsten Jahren einer Sanierung.
Die Schäden sind in der folgenden Liste angeführt, wobei auf die im Zusammenhang mit der Erstellung der Auswahlmatrizen (Kapitel "Verfahren") stehende Gewichtung der Schäden verwiesen werden soll.

ZIEGELKANÄLE

Straßenkanäle dieser Bauart, die bereits über 100 Jahre alt sind, haben zwar eine größere Gewölbe- und Wanddicke als später errichtete Betonkanäle, sind aufgrund der folgenden Schadensursachen jedoch äußerst empfindlich gegenüber Störungen und äußeren Einflüssen:

- Rattenminierung
- Auswaschungen
- Mörtelauflösung
- Undichtigkeiten als Sekundärschäden.

HYDRAUERKANÄLE

Diese bis zur Jahrhundertwende aus Naturzement (sog. Romanzement, ein hydraulischer Schwachbrandzement) hergestellten Kanäle weisen aufgrund der zu beobachtenden starken Zersetzungserscheinungen zahlreiche Folgeschäden auf:

- Ausbrüche
- Verputzschäden
- Risse an Gewölben und Seitenwänden
- Wurzeleinwuchs
- damit verbunden starke Undichtigkeiten.

ROHRKANÄLE

Auch bei Kanälen dieses Typs wurden zahlreiche, oft gravierende Schäden verzeichnet:

- Risse an den Muffen
- Rohrbrüche bzw. Eindrückungen
- Verwurzelungen
- Undichtigkeiten.

BETONKANÄLE

Bei diesen Kanalprofilen jüngerer Bauzeit sind geringere Schäden zu beobachten:

- Schadhafte Sohlen
- Mangelnde Betondeckung der Bewehrung.

EINBAUTEN

Unabhängig von der Bauart der Kanäle treten häufig Schäden an den Einbauteilen auf:

- Abgerissene Einstiegschächte
- Abgerissene Abfallschächte
- Schadhafte Einmündungen.

Aufgrund der durch die zuständige Magistratsabteilung erhobenen Zustandsdaten sind insgesamt 250km an Kanälen dringend sanierungsbedürftig. Für die Durchführung der in den nächsten Jahren notwendigen Baumaßnahmen wird ein Betrag von mehr als 3 Mrd. öS veranschlagt (ca. 430 Mio. DM). Den größten Anteil der betroffenen Abschnitte machen Hydrauerkanäle aus.

1.4.3. ZUSTAND DER KANÄLE IN DER BRD

Um einen Überblick über den aktuellen Zustand der Kanäle in der BRD zu erhalten, wurde von der ATV, der Abwassertechnischen Vereinigung, in den Jahren 1984 und 1985 eine Umfrage in zwei Erhebungsphasen unter den Mitgliedern der Vereinigung durchgeführt.
Das ausgewertete Zahlenmaterial betrifft nachstehende Länder:

- Baden-Württemberg
- Niedersachsen
- Rheinland-Pfalz
- Nordrhein-Westfalen
- Schleswig-Holstein
- Bayern (vorwiegend kleinere Gemeinden).

Durch die Erhebung wurden umgerechnet 19% der gesamten Kanallänge (bezogen auf den Stand 1983) erfaßt. Nicht öffentliche Anschlußkanäle, deren Länge in der BRD auf 60.000km geschätzt wird, wurden nicht berücksichtigt.

Die veröffentlichten Ergebnisse der zweistufigen Erhebung werden in den für den vorliegenden Arbeitsbericht relevanten Bereichen in Tabellen zusammengefaßt:

KANALSYSTEM

Von den untersuchten öffentlichen Kanälen waren den einzelnen Systemen zugeordnet:

Mischsystem	62%
Trennsystem	37%
Druckentwässerung	01%

Dies entspricht etwa der Verteilung der gesamten öffentlichen Kanalisation aufgrund der vorliegenden statistischen Werte. Die Ergebnisse der Untersuchung sind daher als für die gesamte öffentliche Kanalisation gültig anzusehen.

ALTERSVERTEILUNG

Die Verteilung hinsichtlich des Baualters wird in der folgenden Übersicht für das Erhebungskollektiv und für eine Großstadt angegeben, bei der bereits früh mit der Errichtung von Entwässerungsbauten begonnen wurde:

Alter	Gesamterhebung	Hamburg
0-25 Jahre	53%	55%
25-50 Jahre	29%	17%
50-75 Jahre	12%	17%
75-100 Jahre	05%	08%
> 100 Jahre	01%	01%

WERKSTOFFVERTEILUNG

Bei den untersuchten Großstädten ergab sich ungefähr folgende Verteilung bezüglich der Werkstoffe zur Herstellung der Kanäle:

Werkstoff	Anteil in % (längenbezogen)
Beton	50
Steinzeug	40
Asbest und PVC (ges.)	03
Sonstige	07

KANALQUERSCHNITTE

Querschnittseinteilung:

Durchmesser	Anteil in % (längenbezogen)
< DN 800	80
> DN 800	20

SCHADHAFTE KANÄLE

Der Prozentanteil schadhafter Kanäle, in Abhängigkeit vom Nenndurchmesser, wurde in % der Kanallänge bei der Umfragephase 1985 ermittelt:

Schadensbehebungsbedarf	< DN 800	> DN 800
< 25%	63%	75%
< 50%	15%	06%
> 50%	22%	19%

SCHADENSURSACHEN

Als Schadensursachen wurden aufgrund der Auswertung von 32 Kommunen in Bayern und von 29 Großstädten folgende Faktoren ausgewiesen:

Ursache	Anteil in %
Statisch	72
Physikalisch	36
Chemisch	47
Sonstige	47

(Bei der Auflistung waren Mehrfachnennungen möglich.)

SCHADENSBILDER

Klassifizierung der Schadensbilder:

1 - am häufigsten
4 - bisher nicht aufgetreten.

Die gemittelte Häufigkeit des Auftretens ergab folgende Verteilung:

Wurzeleinwuchs	2.72
Undichte Verbindung	2.19
Riß/Scherben	2.41
Einsturz	3.34
Korrosion	2.78

1.4.4. VERGLEICH WIEN - BRD

Aufgrund der in den vorangegangenen Abschnitten festgestellten Zustandsbilder öffentlicher Kanalbauten ergibt sich folgende Charakteristik der Situation in Wien und in der BRD:

Ein wesentlicher Unterschied resultiert aus der Erhebung des Baualters der derzeit noch verwendeten Kanäle. In Wien ist eine - im Vergleich zum Durchschnitt der deutschen Städte - deutlich ältere Struktur vorhanden. Dies trifft auch dann zu, wenn aus den deutschen Ergebnissen die Werte für kleinere Kommunen ausgeklammert werden. Ursachen für diese Differenz sind zwei Faktoren: Einerseits wurde in Wien frühzeitig mit dem Ausbau der Kanalisation begonnen, andererseits ergaben sich starke Verschiebungen in der Baualtersstruktur der Kanalbauten deutscher Städte aufgrund der ungleich höheren kriegsbedingten Zerstörungen.

Ein weiterer Faktor wurde bereits in den vorhergehenden Abschnitten genannt: In Wien gab es aufgrund der Bevölkerungsentwicklung ab 1918 keine wesentlichen Erweiterungen des Stadtgebietes, so daß der Prozentanteil der vor diesem Zeitpunkt errichteten Kanäle noch immer einen bedeutenden Wert ausmacht.

Diese Tatsachen erklären auch die Unterschiede in den Schadensbildern. In Wien ist der Anteil größerer Zerstörungen, die einen dringenden Sanierungsbedarf anzeigen, wesentlich höher.

Ein anderer Unterschied existiert hinsichtlich der Werkstoffe: Die in Wien noch erhaltenen Hydrauerkanäle sind eine in anderen Städten nicht feststellbare Besonderheit.

Aufgrund des gravierenden Sanierungsbedarfes in Wien lassen sich jedoch zahlreiche technische Überlegungen anhand der Wiener Situation exemplarisch darstellen, da die Stadtverwaltung hier momentan mit einer Situation konfrontiert ist, die in absehbarer Zeit auch zahlreiche andere Städte betreffen wird.

1.5. RECHTLICHE SITUATION

1.5.1. DERZEITIGE RECHTSLAGE

Aufgrund des Zustandes der meisten aus dem 19. Jahrhundert stammenden Straßenkanäle scheint eine rasche Sanierung dieser Bauwerke unumgänglich und kann, da diese Kanäle im Verantwortungsbereich der jeweiligen Kommunalverwaltungen liegen (abgesehen von Finanzierungsfragen), relativ einfach durchgezogen werden.

Probleme ergeben sich allerdings in vielen Fällen (z.B. in Wien) in bezug auf die Hauskanäle und deren Anschlüsse an den Straßenkanal. Aus technischer Sicht besteht kein wesentlicher Unterschied zwischen den bei Straßenkanälen und Hauskanälen anzuwendenden Sanierungstechniken. Eine gleichzeitig mit der Instandsetzung der Straßenkanäle durchzuführende Sanierung der Hauskanäle ist vom technischen Aspekt her unbedingt notwendig, um den Gesamtzustand der Abwasserentsorgungsanlagen entsprechend herzustellen. Dieser technischen Notwendigkeit entsprechen die rechtlichen Hilfsmittel jedoch nicht. In vielen Fällen existieren keine anwendbaren Hilfsmittel, um den Hausinhaber zu veranlassen, gleichzeitig mit den von der Kommunalverwaltung durchgeführten Straßenkanalsanierungen den im Verantwortungsbereich der Hausverwaltung liegenden Anschluß herzustellen.

1.5.2. FORDERUNGSKATALOG

Infolge dieser Überlegungen ist von den mit Sanierungsaufgaben betrauten Technikern eine Forderungsliste an den Gesetzgeber heranzutragen:

DICHTHEITSPRÜFUNG

Sofern nicht vorhanden, sind gesetzliche Grundlagen zu schaffen, die garantieren, daß die Dichtheit des gesamten Kanalsystems in noch festzusetzenden Zeitabständen (etwa alle 5 bis 10 Jahre) überprüft wird.

SANIERUNG DER HAUSANSCHLÜSSE

Aufgrund der Verfahrensschwierigkeiten sollte der Gesetzgeber die Voraussetzung schaffen, daß Straßenkanal und Hausanschlüsse gleichzeitig, doch ohne unnötigen bürokratischen Aufwand in der Bauvorbereitungsphase saniert werden können.

1.6. ANFORDERUNGEN AN EINEN SANIERTEN KANAL

Unter der Voraussetzung, daß an eine sanierte Kanalstrecke die gleichen Anforderungen zu stellen sind wie an einen neuerrichteten Abschnitt, ergeben sich die im folgenden angeführten physikalischen und chemischen Kriterien, die den aktuellen Definitionen für neuerrichtete Straßenkanäle entsprechen. Bei der Zusammenstellung dieser Werte wurden die im deutschsprachigen Raum gültigen Vorgaben untersucht.

Im wesentlichen wurde von den in Österreich anzuwendenden Richtlinien ausgegangen; sollten in einzelnen Punkten gravierende Unterschiede (z.B. zu den deutschen Vorschriften) bestehen, werden diese Punkte gesondert erwähnt.

1.6.1. PHYSIKALISCHE ANFORDERUNGEN

Hinsichtlich der zur Beurteilung sanierter Kanäle anzuwendenden physikalischen Anforderungen sind die gleichen Vorschriften bzw. Normen heranzuziehen wie für neuerrichtete Abschnitte.

Um einen Überblick über die zahlreichen Möglichkeiten physikalischer Vorgaben zu erhalten, ist ein Auszug von Anforderungen bzw. Kennwerten für Rohrleitungsteile in Anlehnung an den derzeit in Beratung befindlichen Normentwurf ÖNORM B 5011 angegeben. (Diese Norm stellt eine übergeordnete Richtlinie für sämtliche Rohrleitungen dar; die Festlegung der tatsächlich zu erfüllenden Sollwerte bzw. Grenzwerte bleibt den Spezialnormen, z.B. B 2501, 2503 und 2538, vorbehalten.)

Dabei wird zwischen Kurzzeit- und Langzeit-Anforderungs- oder Kennwerten unterschieden. Als Kurzzeitwerte sind jene mindesten Versagenswerte definiert, die einem Merkmal eines Rohrleitungsteiles zugeordnet sind und in der Regel aus normengemäßen Prüfergebnissen ermittelt werden; die Prüfbelastung sollte bei gleichmäßigem Lastanstieg nach etwa 2 min zum Versagen (Bruch oder Verformungsgrenze) führen.

Die Langzeitwerte entsprechen jenen Belastungen, denen der betrachtete Rohrleitungsteil mindestens während der definierten Belastungsdauer (z.B. 50 Jahre) ohne Versagen standhält. (Unter Berücksichtigung der nach wirtschaftlichen Überlegungen festzusetzenden Sicherheitsbeiwerte läßt sich aus dem jeweiligen Langzeitwert die während der gesamten Belastungsdauer gültige zulässige Belastung ermitteln.) Im einzelnen wird dann zwischen allgemeinen Anforderungen (grundsätzlich zu stellen), allgemeinen Kennwerten, durchflußmedienbezogenen Kennwerten, leitungsbezogenen Anforderungen sowie Kennwerten und sonstigen Anforderungen unterschieden:

ALLGEMEINE ANFORDERUNGEN

- Beschaffenheit aller Rohrleitungen
- Abmessungen und zulässige Abweichungen
- Ringbiegung aller Rohre
- Innendruck für alle Rohrleitungen PN > 1 (Nenndruck)
- Wasserdichtheit aller Rohrleitungen
- Längszug oder Längsbiegung aller Rohre
- Kurzzeitkräfte bzw. -festigkeiten für Rohre
- Kurzzeitkräfte bzw. -festigkeiten für Rohre mit isotropen Eigenschaften.

ALLGEMEINE KENNWERTE

- Querdehnungszahl
- Temperaturausdehnungskoeffizient.

DURCHFLUSSMEDIENBEZOGENE ANFORDERUNGEN

Unter diesen Abschnitt fallen neben Bestimmungen bezüglich chemischer Anforderungen konstruktive Kriterien, z.B. die Geradheit von Rohrleitungsstrecken oder die maximal zulässigen vertikalen Abweichungen der tatsächlichen Kanalachse von der geplanten Kanalachse.

LEITUNGSBEZOGENE ANFORDERUNGEN ODER KENNWERTE

Unter diesem Abschnitt wird nach der Verlegung der Leitungen unterschieden, wobei im betrachteten Fall die Bestimmungen für erdverlegte Leitungen zu beachten sind. Außer den angeführten allgemeinen Anforderungen sind Anforderungen bzw. Kennwerte zu Prüfungen bzw. Beurteilungen der Rohre speziell hinsichtlich nachstehender Werte festzulegen:

- Langzeit-Scheiteldruckbruchkraft
- Langzeit-Ringbiegezugfestigkeit
- Langzeit-Rohrsteifigkeit
- Langzeit-E-Modul (Biegezug) quer.

Für die Rohrverbindungen ist eine Außendruckbelastung (z.B. 0.5 bar infolge Grundwasserüberdeckung) anzugeben.

SONSTIGE ANFORDERUNGEN BZW. KENNWERTE

Sonstige Anforderungen oder Kennwerte werden im Einzelfall aufgrund der zu erwartenden Einwirkungen vom Auftraggeber genannt.

Hinsichtlich der zahlenmäßigen Festlegung von Grenzwerten ist auf die jeweils gültigen Normen und Richtlinien zurückzugreifen (Behandlung der zur Überprüfung der Anforderungen bzw. Grenzwerte heranzuziehenden Versuche - siehe Kapitel "Materialien"). Im Zusammenhang mit den erwähnten Richtlinien sind die in einer Ausschreibung festzulegenden Bedingungen hervorzuheben. Im Gegensatz zu den für einen Kanalbau zu fordernden Kriterien sind bei den - nach den im vorliegenden Bericht beschriebenen Verfahren - sanierten Kanälen zahlreiche Kriterien nicht überprüfbar (Scheiteldruck etc.). Dies betrifft vor allem Festigkeitsbeschreibungen größerer Kanalabschnitte, da bei den behandelten Sanierungstechniken in zahlreichen Fällen die Tragwirkung im Verbund mit dem vorhandenen Leitungsmaterial oder Hinterfüllungsmaterial erzielt wird. Ungleichmäßigkeiten in den mechanischen Eigenschaften größerer Bauteile sind von vornherein einzukalkulieren. Diese Einschränkung gilt in weit geringerem Maß für Anforderungen, die aus der Zusammensetzung der Abwässer an die chemischen Eigenschaften der Werkstoffe des Kanals zu stellen sind.

1.6.2. CHEMISCHE ANFORDERUNGEN BZW. KENNWERTE

Die Anforderungen bzw. Kennwerte zur Festlegung der chemischen Eigenschaften der bei der Kanalsanierung (wie beim Kanalneubau) eingesetzten Werkstoffe resultieren aus den jeweils festgelegten Grenzwerten der Abwasserzusammensetzung. Im wesentlichen sind im Hinblick auf die Werkstoffe folgende Werte von Interesse:

pH-Werte: Obergrenze
pH-Werte: Untergrenze.

Grenzwertangaben für den Gehalt an (Auszug):

- Aktivchlor
- Ammoniak/Ammonium
- Chlordioxid
- Sulfaten
- Sulfiden
- Kohlenwasserstoffen
- Chlorierten Lösungsmitteln
- Phenolen
- Detergentien.

Biochemischer Sauerstoffbedarf (BSB5-Wert).

Anzugeben ist außerdem das jeweilige Werkstoffverhalten bei normaler und erhöhter Temperatur.

In Österreich sind die Richtlinien für die Begrenzung von Abwasseremissionen aus dem Jahr 1981 heranzuziehen.

Auszug der in dieser Richtlinie getroffenen Grenzwertangaben:

Parameter	Grenzwertangabe
Allgemeine Parameter	
Temperatur	30°C
Absetzbare Stoffe	10 ml/l
pH-Wert min.	6.5
max.	9.5
Organische Stoffe	
Verseifbare Stoffe	
Öle (tierischer und pflanzlicher Herkunft)	100 mg/l
Gesamte Kohlen-wasserstoffe	20 mg/l

Um einen repräsentativen Überblick über die im Mittel feststellbare Zusammensetzung städtischer Abwässer zu erhalten, sind in der folgenden Tabelle auszugsweise die in kommunalen Abwässern in der BRD festgestellten Konzentrationsbereiche wiedergegeben:

Wert	gering	mittel	groß
pH-Wert	6.6	7.6	8.6
Absetzbare Stoffe n.2h (ml/l)	2	6	12
Abfiltrierbare Stoffe (Filterrückstand) (mg/l)	200	500	900
BSB5 (mg/l)	150	300	500
Ammoniak (mg/l)	5	20	50
Phosphat PO_4 (mg/l)	20	60	100
Detergentien (mg/l)	5	15	25

Die Werte liegen zum Teil über den für österreichische Abwässer vorgegebenen Grenzwerten.

LITERATUR

1/1 *Bortenschlager, P.: Abwasserkanäle in Wien - Sanierung und Neubau. In: Zement und Beton, 32. Jg., H. 2 (1987), S. 67-70.*

1/2 *Keding, M., Stein, D. u. Witte, H.: Ergebnisse einer Umfrage zur Erfassung des Istzustandes der Kanalisation in der BRD. In: Korrespondenz Abwasser 2/1987, S. 118-122.*

1/3 *Meinck, F., Stooff, H. u. Kohlschütter, H.: Industrie-Abwässer. 4. Aufl. Stuttgart: G. Fischer-Verlag, 1968.*

1/4 *Russow, M. u. Oswald, F.: Querschnittsbericht Kanalbauarbeiten. (Entsorgung von Wohngebieten.) Bonn: Institut für Arbeits- u. Baubetriebswissenschaft, 1985.*

1/5 *Stadler, H.: Die Entwässerungsanlagen der Stadt Wien. Wien: Magistratsabteilung 30, 1960.*

1/6 *Stich, K.: Die Abwasserbeseitigung in Wien. Handbuch der Stadt Wien.*

1/7 *Travnicek, R. et al.: F 882: Rekonstruktion von Wasserver- und -entsorgungsstollen. Forschungsbericht, gefördert vom Bundesministerium für Bauten und Technik (heute Bundesministerium für Wirtschaftliche Angelegenheiten). Wien, 1987.*

1/8 *Über Abzugskanäle im Allgemeinen und die neuen Straßenkanäle in Paris. In: Allgemeine Bauzeitung (1859), S. 77ff.*

Vorschriften

Bundesministerium für Land- und Forstwirtschaft, Hrsg.: Richtlinien für die Begrenzung von Abwasseremissionen. Wien, 1981.

2. MATERIALIEN

2.1. ALLGEMEINES

Im Abschnitt "Werkstoffe" werden die bei Bau und Sanierung von Kanalbauten verwendeten Werkstoffe vorgestellt. Um den Vergleich verschiedener Werkstoffe hinsichtlich bestimmter Eigenschaften zu erleichtern, wurde für jeden Werkstoff ein sogenanntes Datenblatt erstellt, aus dem die physikalischen Eigenschaften in bezug auf ihre Bedeutung sowie die zugehörigen Kennwerte ersichtlich sind.

Da die meisten Prüfverfahren materialspezifisch sind, werden sie im Rahmen der einzelnen Werkstoffkapitel behandelt. Soweit es sich um genormte Prüfverfahren handelt (ÖNORM, DIN), sind die entsprechenden Prüfnormen den Werkstoffdatenblättern zu entnehmen. Allgemein anerkannte Prüfverfahren, die nicht genormt sind, werden in den einzelnen Werkstoffkapiteln besprochen, bzw. es finden sich einschlägige Literaturhinweise im Datenblatt.

Für die Kanalsanierung relevante chemische Eigenschaften, insbesondere Fragen der Beständigkeit gegen chemische Angriffe, gehen wie allgemeine Fragen der Lebensdauer aus der Beschreibung der Werkstoffe hervor.

2.2. WERKSTOFFE

2.2.1. MINERALISCH/HYDRAULISCH GEBUNDENE MATERIALIEN

2.2.1.1. MÖRTEL, BETON, STAHL-, SPRITZ- UND FLIESSBETON

BETON

Beton wird seit den Anfängen des Bauens in der Abwasserbeseitigung sowohl in Form von Ortbeton als auch in Form von Betonfertigteilen eingesetzt.
Beeindruckend sind in dieser Hinsicht die Bauten der Römer: Der römische Beton, das "opus caementitium", unterscheidet sich nur in Details von unserem heutigen Beton. Als Beispiele für die Abwasserbauten der Römer seien vorgefertigte Betonfalzrohre - heute im Museum von Metz (2/16) zu sehen - und die "Cloaca maxima" genannt, der große Abwassersammler in Rom, bei dem Beton im Scheitel eingesetzt wurde und von dem Teile heute noch in Betrieb sind.
Etwa seit 100 Jahren wird Beton in der Abwasserbeseitigung industriell in großem Umfang verwendet.

Gegen Ende des vorigen Jahrhunderts wählte man in verschiedenen Gebieten, vor allem im Osten Österreichs, häufig auch Romankalk zum Bau von Abwasserkanälen.- Romankalk, fälschlicherweise früher auch als "Romanzement" bezeichnet, unterscheidet sich von Zement durch den niedrigeren Kalziumgehalt. Er wird bei Brenntemperaturen ungefähr 200^0 bis 300^0C unterhalb der Brenntemperatur des Zements hergestellt. Daher fehlt ihm der wichtigste Bestandteil des Zements, das sogenannte Trikalziumsilikat; er erreicht infolgedessen nur niedrige Festigkeiten in der Größenordnung von 1/5 eines üblichen Zements (2/15). Romankalk wird heute nur noch an wenigen Stellen in Europa erzeugt, auch dort nur in geringer Menge; in Österreich hingegen wurde die Produktion bereits vor Jahrzehnten eingestellt.

Charakteristisch für den Beton ist, daß er in einer bei anderen Baustoffen nicht möglichen Breite in seinen Eigenschaften variiert werden kann. So läßt sich die Dichte zwischen 250 und 3500kg/m^3 oder die Druckfestigkeit zwischen 5 und 100N/mm^2 einstellen. Daher ist es bei Beton häufig nicht möglich, feste, eng begrenzte Eigenschaftskennwerte wie bei anderen

Baustoffen anzugeben. Die Eigenschaften müssen vorgegeben werden; der zielsicheren Ausrichtung der Herstellung auf diese vorgegebenen Werte kommt bei Beton, speziell bei Ortbeton, besondere Bedeutung zu. Die große Variationsbreite erlaubt jedoch, im Einzelfall jeweils optimale Eigenschaften zu erreichen. Nicht übersehen werden darf, daß bei Nichteinhalten der vorgegebenen Herstellungsbedingungen Schäden auftreten können.

Erhärteter Beton besteht einerseits aus den Zuschlägen, andererseits aus dem Zementstein, der die Zuschläge verkittet und miteinander verbindet.
Der Zementstein ist aus Zement und Wasser enstanden; infolge der Wasserbindung durch den Zement erhärtet das Zement/Wassergemisch, der sogenannte Zementleim, zum Zementstein.- Zement bindet etwa 25% seines Gewichtes an Wasser chemisch, weitere etwa 15% physikalisch. Die über diesen Betrag von 40% hinausgehende Wassermenge bleibt auch nach abgeschlossener Erhärtung ungebunden als "Kapillarporenwasser" im Zementstein übrig, zunächst in Form einzelner Kapillarporen. Bei steigendem Wassergehalt werden die Kapillarporen zahlreicher, bis sie den Zementstein in Form von zusammenhängenden Kanälen durchziehen. Der Kapillarporengehalt beeinflußt entscheidend alle Eigenschaften des Zementsteins, insbesondere die Durchlässigkeit und Widerstandsfähigkeit gegen chemische Angriffe. Dem Verhältnis Wasser zu Zement in Gewichtsteilen - als "w/z-Wert" bezeichnet - kommt speziell bei Beton für Abwasserbeseitigungsanlagen größte Bedeutung zu.

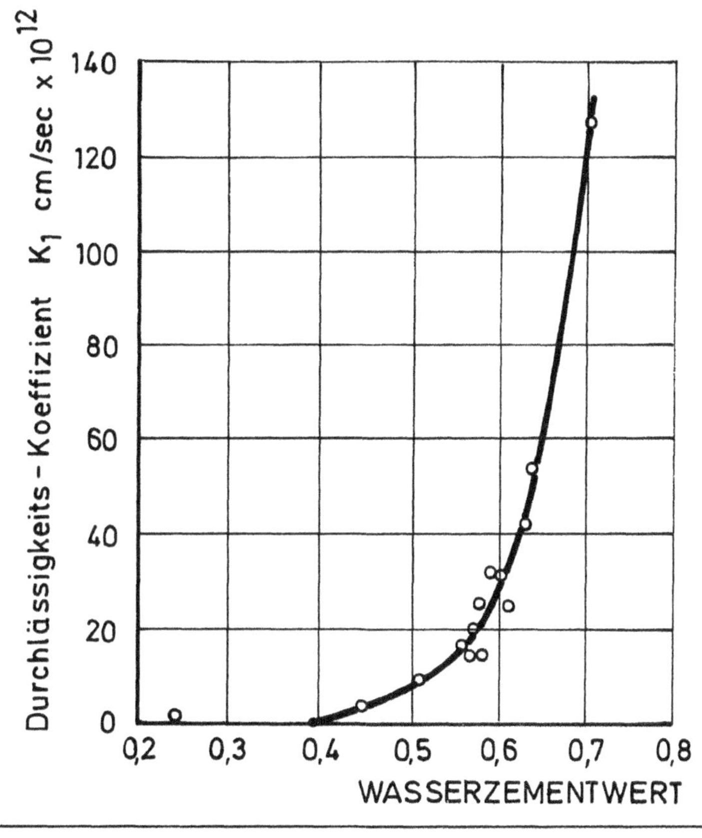

Tab. 2.1: Wasserdurchlässigkeit von Zementstein nach beendetem Hydratationsablauf (2/20)

Hinsichtlich des chemischen Angriffs auf Beton sind zwei grundlegend verschiedene Arten zu unterscheiden: lösender und treibender Angriff.
Lösender Angriff: Bei der Erhärtung von Zement werden etwa 25% Kalziumhydroxid freigesetzt. Dieses Kalziumhydroxid, das unter anderem die Bewehrung des Stahlbetons vor Korrosion zu schützen imstande ist, hat das Bestreben, sich mit der angreifenden Säure zu Kalziumsalz umzusetzen. Fast alle Kalziumsalze sind sehr leicht löslich und werden daher von der angreifenden Säure mehr oder weniger rasch weggeführt; der Angriff erreicht immer weitere, tiefere Schichten.

Die österreichische allgemeine Norm zur Beurteilung von betonangreifenden Wässern B 3305 und die spezielle Norm für Ortskanalanlagen ÖNORM B 2503 stufen die Wässer bezüglich ihrer Wirkung auf Beton in vier Gruppen ein: nicht angreifend, schwach angreifend, stark angreifend und sehr stark angreifend.
Kenndaten zur Einstufung eines Wassers oder Bodens werden in beiden Normen genannt (Tab. 2.2 und 2.3).

Aggressivitätsstufe (bez. „AS“)		chemische Eigenschaften des Abwassers oder Grundwassers					Rohrkanäle				Ortbetonkanäle	
							aus Asbestzement		aus Beton			
		pH-Wert	kalk-aggressive Kohlensäure (CO_2) mg/l	Gesamthärte °d	Ammonium (NH_4^+) (außer in Gasform) mg/l	Magnesium (Mg^{++}) mg/l	W/Z-Wert	Wasseraufnahme in l/m² *)	W/Z-Wert	Wasseraufnahme in l/m² *)	W/Z-Wert	Wassereindringtiefe cm
0	(nicht angreifend)	pH > 6,5	CO_2 < 15	°d > 3	NH_4^+ < 15	Mg^{++} < 100	„wasserdicht“ gemäß einschl. Normen		≤ 0,55	≤ 0,15	„wasserundurchlässig“ (B 300 WU nach ÖNORM)	
1	(schwach angreifend)	5,5 ≤ pH ≤ ≤ 6,5	15 ≤ CO_2 < < 30	0 < °d ≤ 3	15 ≤ NH_4^+ ≤ ≤ 30	100 ≤ Mg^{++} ≤ ≤ 300			≤ 0,55	≤ 0,10		
2	(stark angreifend)	4,5 ≤ pH < < 5,5 (Oberflächenschutz)	30 < CO_2 ≤ ≤ 60	—	30 < NH_4^+ ≤ ≤ 60	300 < Mg^{++} ≤ ≤ 1500	≤ 0,35 oder Oberflächenschutz	≤ 0,03	≤ 0,45 oder ≤ 0,50 plus Oberflächenschutz	≤ 0,05 oder ≤ 0,075	≤ 0,45 oder ≤ 3,0	
3	(sehr stark angreifend) **)	pH < 4,5 (Oberflächenschutz)	CO_2 > 60	—	NH_4^+ > 60	Mg^{++} > 1500	Sondermaßnahmen nötig, jedoch zusätzlich: ≤ 0,35	≤ 0,03	≤ 0,45	≤ 0,05	≤ 0,45 oder ≤ 3,0	

*) Prüfdruck 0,5 bar
**) Ursache ist dem Ausführenden anzugeben.

Tab. 2.2: Aggressivitätsstufen des Abwassers und Grundwassers/Anforderungen an Kanäle aus zementgebundenen Werkstoffen (nach ÖNORM B 2503)

<table>
<tr><td colspan="2">Sulfatgehalt</td><td colspan="3" rowspan="2">zugrunde zu legende Aggressivitätsstufe (Bez.: „AS“) bei Verwendung von</td></tr>
<tr><td>im Ab- und Grundwasser</td><td>im Boden</td></tr>
<tr><td>(Sulfat als mg SO_4^{2-}/l)</td><td>(Sulfat als mg SO_4^{2-}/kg lufttrockenen Bodens)</td><td>Portlandzement oder Eisenportland-zement</td><td>Hochofenzement</td><td>erhöht sulfatbeständiger Zement (max. 3% Tri-calciumaluminat)</td></tr>
<tr><td>≤ 200</td><td>≤ 1000</td><td>0</td><td>0</td><td>0</td></tr>
<tr><td>200 bis 400</td><td>1000 bis 2000</td><td>2</td><td>0</td><td>0</td></tr>
<tr><td>400 bis 600</td><td>2000 bis 3000</td><td rowspan="4">Verwendung nicht zulässig</td><td>2</td><td>0</td></tr>
<tr><td>600 bis 1500</td><td>3000 bis 5000</td><td rowspan="3">Verwendung nicht zulässig</td><td>1</td></tr>
<tr><td>1500 bis 2500</td><td>5000 bis 8000</td><td>2</td></tr>
<tr><td>> 2500</td><td>> 8000</td><td>3</td></tr>
</table>

Tab. 2.3: Sulfatangriff/Zementgebundene Werkstoffe (nach ÖNORM B 2503)

Die der ÖNORM B 2503 bzw. der ÖNORM B 3305 entsprechende DIN 4030 enthält im wesentlichen gleiche Forderungen und Grenzwerte (Tab. 2.4 und 2.5).

Untersuchung (Angriff)	Angriffsgrade		
	„schwach angreifend“	„stark angreifend“	„sehr stark angreifend“
pH-Wert	6,5 bis 5,5	5,5 bis 4,5	unter 4,5
kalklösende Kohlensäure (CO_2) in mg/l best. mit dem Marmorversuch nach Heyer	15 bis 30	30 bis 60	über 60
Ammonium (NH_4^+) in mg/l	15 bis 30	30 bis 60	über 60
Magnesium (Mg^{2+}) in mg/l	100 bis 300	300 bis 1500	über 1500
Sulfat[1]) (SO_4^{2-}) in mg/l	200 bis 600	600 bis 3000	über 3000

[1]) Bei Sulfatgehalten über 400 mg SO_4^{2-} je l Wasser, ausgenommen Meerwasser, bzw. über 3000 mg SO_4^{2-} je kg lufttrockenen Bodens, ist ein Zement mit hohem Sulfatwiderstand zu verwenden.

Tab. 2.4: Grenzwerte zur Beurteilung des Angriffsgrades von Wässern vorwiegend natürlicher Zusammensetzung (nach DIN 4030)

Untersuchung (Angriff)	Angriffsgrade	
	„schwach angreifend“	„stark angreifend“
Säuregrad nach Baumann-Gully	> 20	–
Sulfat[1]) (SO_4^{2-}) in mg je kg lufttrockenen Bodens	2000 bis 5000	über 5000

[1]) Bei Sulfatgehalten über 400 mg SO_4^{2-} je l Wasser, ausgenommen Meerwasser, bzw. über 3000 mg SO_4^{2-} je kg lufttrockenen Bodens, ist ein Zement mit hohem Sulfatwiderstand zu verwenden.

Tab. 2.5: Grenzwerte zur Beurteilung des Angriffsgrades von Böden (nach DIN 4030)

Wesentlich sind die richtige Entnahme von Wasser- und Bodenproben sowie eine allfällige Vorprüfung auf der Baustelle; dies ist besonders bei der Probenahme von Abwässern zu beachten. Einschlägige Angaben sind der ÖNORM B 3305 und der derzeit in Ausarbeitung befindlichen Neuauflage der DIN 4030, Teil 2 zu entnehmen.
Wichtigstes Charakteristikum eines betonangreifenden Wassers ist der pH-Wert. Wasser mit pH-Wert > 7 bezeichnet man als alkalisch, mit pH-Wert < 7 als sauer. Von den sauren Wässern ist ein Angriff auf Beton zu erwarten; umso stärker, je niedriger der pH-Wert.
Der Praxis nach weisen häusliche Abwässer pH-Werte zwischen 7 und 8 auf; demnach sind sie in dieser Hinsicht für Beton ungefährlich. Industrielle Abwässer oder Sickerwässer aus Halden u.dgl. können stärker sauer sein. Aus Gründen des Umwelt- und des Arbeitsschutzes dürfen solche Abwässer mit pH-Werten unter 6,0 nicht in öffentliche Kanalanlagen eingeleitet werden; sie sind daher selten. Die ÖNORM B 2503 sieht bei Abwässern mit einem pH-Wert unter 5,5 einen Oberflächenschutz vor. Gemäß der DIN 4030 und der allgemeinen Norm ÖNORM B 4200, Teil 10 ist bei schwach fließendem Wasser richtig zusammengesetzter Beton bis zu pH-Werten von 4,5 ohne Oberflächenschutz ausreichend beständig. Anderen Vorschriften zufolge ist ein Oberflächenschutz erst ab pH-Wert 4,0 vorzusehen. Die Unterschiede gehen u.a. darauf zurück, daß eine eventuelle Schädigung nicht nur durch einen niedrigeren pH-Wert bestimmt wird, sondern daß auch noch andere Einflußgrößen - vor allem ein gleichzeitig einwirkender mechanischer Abtrag - entscheidend sind (2/9). Bei Abwässern mit niedrigen pH-Werten, etwa unter 5,5, ist es daher zweckmäßig, einen allfälligen Einsatz von Sondermaßnahmen von einem Experten prüfen zu lassen; diese Vorgangsweise empfiehlt sich auch bei industriellen, stärker verunreinigten Abwässern.

Die Normen enthalten Grenzwerte für kalkaggressive Kohlensäure bzw. geringe Gesamthärte, wie sie bei Oberflächen- und Grundwässern vorkommen können, sowie für Ammonium- und Magnesiumverbindungen. Praxis wie auch Untersuchungen des VDZ-Instituts Düsseldorf zeigten, daß die in den Normen angegebenen Grenzwerte zu niedrig angesetzt sind (2/18). Die Überarbeitung der DIN 4030 zielt daher auf eine Angleichung der Grenzwerte etwa an die Cembureau-Empfehlungen.
Die österreichische Norm B 2503 und die dazugehörige Betonnorm ÖNORM B 4200, Teil 10 geben für die jeweiligen Angriffsbereiche Grenzwerte für den w/z-Wert an und beschreiben Maßnahmen, wie diese w/z-Werte in der Praxis zu erreichen sind (Tab. 2.2 und 2.6). Für die BRD gilt die DIN 1045 mit sinngemäß den gleichen Forderungen. In bezug auf den Bereich des sehr starken chemischen Angriffs werden Sondermaßnahmen vorgeschrieben. Diese bestehen zunächst in einer sorgfältigen Prüfung des Einzelfalles: Der Planer sollte z.B. überprüfen, ob das Abwasser in dieser Form überhaupt in das Kanalnetz eingeleitet werden darf oder ob nicht eine Vorbehandlung aus Gründen des Umweltschutzes vorzuschreiben ist. Bei sehr starkem chemischen Angriff sollte ein Sachverständiger die erforderlichen Maßnahmen auf die jeweiligen Bedingungen abstimmen. Zu berücksichtigen sind die genaue chemische Zusammensetzung des Abwassers sowie dessen Temperatur, die Zugänglichkeit der Abwasserleitung u.dgl. Diese Beurteilung scheint sinnvoll, um ausreichende Beständigkeit gegen den zu erwartenden Angriff zu gewährleisten, wie auch im Hinblick auf die Wirtschaftlichkeit.

	nicht angreifend	schwach angreifend	stark angreifend	sehr stark angreifend
allgemeine Richtlinien	keine besonderen Maßnahmen erforderlich	wasserundurchlässiger Beton	W/Z höchstens 0,45	kein direkter Kontakt mit Beton
Zementart	keine besonderen Maßnahmen erforderlich	Portland-, Eisenportland- oder Hochofenzement bei Sulfatangriff erhöht sulfatbeständiger Zement		
Zementgehalt		bei Beton R mehr als 350 kg/m^3	nur Beton E (Eignungsprüfung)	
Wasserzementwert		höchstens 0,55	höchstens 0,45	
Zuschlagart		—	bei lösendem Angriff: kein Kalk oder Dolomit[1]) bei treibendem Angriff: kein Glimmer	
Sieblinie		obere Hälfte des günstigen Bereiches		
Mehlkorn		etwa 400 kg/m^3 bei Größtkorn von 25 mm und 32 mm		
Konsistenzbereich		plastisch (K 2)		
Nachbehandlung		mindestens 7 Tage, besser 2—3 Wochen feucht halten		
Betonüberdeckung der Bewehrung		mindestens 2 cm, bei Angriffen auf den Stahl mindestens 3 cm, besser mehr		
konstruktive Maßnahmen		Vermeiden feingliedriger Bauteile, Kanten und Ecken abschrägen, Arbeitsfugen vermeiden, Bewegungsfugen dicht ausführen, Betonoberfläche muß geschlossen sein. Zur Vermeidung von Rissen nach Zustand I rechnen.		
Oberflächenschutz	nicht erforderlich			Verkleidung oder Beschichtung erforderlich

[1]) Ausgenommen, wenn sich das angreifende Wasser nur wenig oder nicht erneuert.

Tab. 2.6: ***Betontechnische und konstruktive Maßnahmen bei chemischem Angriff***

Bei einem lösenden Angriff ist es notwendig, den Beton so dicht wie möglich zu machen, um den Angriff auf die Oberfläche zu beschränken; dies bedeutet primär einen möglichst niedrigen w/z-Wert.
Angaben über Schutzüberzüge für Beton bei sehr starken chemischen Angriffen finden sich in einem deutschen Merkblatt. Bereits eingetretene Schäden durch lösenden Angriff lassen sich durch entsprechende zement- oder kunstharzgebundene Beschichtungen sanieren, sofern sie noch nicht zu weit fortgeschritten sind.

Die zweite grundlegende Möglichkeit eines chemischen Angriffs wird durch Sulfat verursacht, wie es in manchen Gebieten im Grundwasser anzutreffen ist, aber auch im Abwasser selbst vorhanden sein kann. Eine der im Zement vorliegenden Verbindungen, das sogenannte Trikalziumaluminat, hat das Bestreben, sich mit Sulfat und Wasser zu einer Verbindung umzusetzen, die mit dem in der Natur vorkommenden Mineral Ettringit identisch ist. Diese Reaktion ist mit einer erheblichen Volumenvergrößerung verbunden; im erhärteten Zementstein ist für diese Volumenvergrößerung kein Platz, es kommt zum Treiben. Charakteristisch dafür ist, daß der treibende Angriff im Gegensatz zum lösenden das Betoninnere schädigt, während die Oberfläche häufig nur relativ wenig betroffen ist. Auch dauert es in der Regel länger - oft Monate, Jahre -, bis die Schäden sichtbar werden; dann sind sie allerdings gravierend.- Für die Sanierung von Schäden durch treibenden Angriff sind derzeit keine Verfahren bekannt.

Bereits vor vielen Jahren wurden in der Zementindustrie Portlandzemente entwickelt, die kein Trikalziumaluminat enthalten und daher eine entsprechend hohe Sulfatbeständigkeit aufweisen. Die sogenannten erhöht sulfatbeständigen Zemente (HS-Zemente) unterscheiden sich im Erstarren, in der Festigkeitsentwicklung und den anderen technischen Eigenschaften nicht von den übrigen Zementen; ihre Verarbeitung ist dementsprechend einfach, die Herstellung ist allerdings mit höheren Kosten verbunden. Deswegen sind sie teurer als Normalzemente; ihre Verwendung muß infolgedessen bereits in der Ausschreibung vorgesehen werden.- In Deutschland gelten auch Hochofenzemente mit über 65% Hochofenschlacke (Hüttensand) als erhöht sulfatbeständig.

Aus der ÖNORM B 2503 sind die Unterschiede in der Zuordnung von sulfathältigen Wässern in den Angriffsgraden je nach Art des verwendeten Zements ersichtlich (Tab. 2.3).

Eine Sonderart des chemischen Angriffs ist der Schwefelwasserstoff- oder Sulfidangriff. Beim Sulfidangriff treten die Schäden an der nicht vom Wasser benetzten Betonoberfläche auf, d.h. vor allem im Scheitel.- Thistlethwayte gibt eine umfassende Darstellung des Problems (2/24). Für einen solchen Sulfidangriff existieren zahlreiche Voraussetzungen:

- Das Abwasser muß größere Mengen an Schwefelverbindungen enthalten.

- In den Sielhautablagerungen an der Sohle müssen anaerobe Bedingungen vorliegen, damit die im Abwasser enthaltenen Schwefelverbindungen bakteriell in Schwefelwasserstoff und Polysulfide abgebaut werden können.

- Das fließende Abwasser muß zur Gänze angefault sein, da sonst der entstandene Schwefelwasserstoff und die Polysulfide durch den im Abwasser vorhandenen Sauerstoff oxidiert würden.

- Die Polysulfide bzw. der Schwefelwasserstoff müssen aus dem anaeroben Abwasser ausgasen.

- Die Belüftung des Kanals muß mangelhaft sein; andernfalls werden die ausgasenden Sulfide ins Freie abgeführt und sind damit für den Beton unschädlich.

Bei mangelhafter Belüftung können die aus dem Abwasser ausgetretenen Sulfidgase an kalten Oberflächen, meist im Rohrscheitel oder an Einstiegschächten, kondensieren. Hier wandeln sie sich bei Gegenwart von Feuchtigkeit unter dem Einfluß verschiedener Thiobazillen in Schwefelsäure um; dabei werden pH-Werte bis zu 1 erreicht. Die entstandene Schwefelsäure greift den Beton, aber auch Metallteile wie Leitern, Steigeisen, Schachtdeckel u.dgl. sehr stark an. Die Tätigkeit der Thiobazillen ist zwischen 30^{0} und 37^{0}C am stärksten, unterhalb 10^{0}C nur sehr schwach.

Was die Betontechnologie betrifft, sind die Möglichkeiten, dem Schwefelsäureangriff zu begegnen, gering. Daher sollte bereits im Entwurfsstadium geprüft werden, ob mit überdurchschnittlichen Sulfidbelastungen zu rechnen ist. Hiefür existieren Berechnungsformeln (2/14). Ist eine zu hohe Sulfidbelastung zu erwarten, müssen die vorhin genannten Voraussetzungen für einen Sulfidangriff möglichst frühzeitig unterbrochen werden, um eine Sulfidkorrosion auszuschließen.
Für eine solche Unterbrechung bieten sich insbesondere an:

- Sicherung einer Mindestfließgeschwindigkeit

- Vermeidung bzw. regelmäßige Beseitigung von Ablagerungen (durch Spülen oder Reinigen)

- Aufrechterhaltung eines Sauerstoffgehaltes im Abwasser (durch Absturzschächte, Lufteinführung und ähnliche Maßnahmen).
  Hiefür wurden detaillierte Vorschläge gemacht (2/14).

- Vermeidung von Turbulenzen bei angefaultem Abwasser

- Gute Belüftung der Kanäle, damit rasche Abführung von eventuell ausgasenden Sulfiden.

Die Tatsache, daß Sulfidkorrosionen in Österreich bzw. Deutschland relativ selten sind, deutet darauf hin, daß die geschilderten Erkenntnisse den Konstrukteuren bekannt sind und im Normenwerk ausreichend berücksichtigt werden.

Für die Nebenbauwerke von Abwasseranlagen, wie Brücken, Randeinfassungen, Gerinne etc., gelten die allgemeinen Aussagen, die vorwiegend in den verschiedenen Teilen der ÖNORM B 4200, der DIN 1045 sowie einem Buch der Bauberatung Zement des Bundesverbandes der Deutschen Zementindustrie niedergelegt sind (2/2).

Österreichische Normen

ÖNORM B 2504: Schächte für Entwässerungsanlagen.
ÖNORM B 5070: Betonrohre und zugehörige Formstücke; Anforderungen, Prüfung und Gütesicherung.
ÖNORM B 5071: Stahlbetonrohre, Stahlbetondruckrohre und zugehörige Formstücke aus Stahlbeton; Anforderungen, Prüfung und Gütesicherung.
ÖNORM B 5072: Schachtringe, Brunnenringe und Schachtkonusse aus Beton.
ÖNORM B 5073: Stahlfaserbetonrohre und zugehörige Formstücke; Anforderungen, Prüfung und Gütesicherung.

Deutsche Normen

DIN 4032: Betonrohre und Formstücke; Maße, technische Lieferbedingungen.
DIN 4034, Teil 1: Schächte aus Beton- und Stahlbetonfertigteilen für erdverlegte Abwasserkanäle und -leitungen; Maße, technische Lieferbedingungen (in Vorbereitung).
DIN 4034, Teil 2: Schachtfertigteile aus Beton und Stahlbeton für Brunnen- und Sickeranlagen; Maße, technische Lieferbedingungen (in Vorbereitung).
DIN 4035: Stahlbetonrohre, Stahlbetondruckrohre und zugehörige Formstücke aus Stahlbeton; Maße, technische Lieferbedingungen.

Weitere ÖNORMEN bzw. DIN beziehen sich auf Entwässerungsgegenstände aus Beton, auf die nur generell hingewiesen werden soll.
Die in den Normen festgelegten Güteeigenschaften werden durch eine umfassende Güteüberwachung, bestehend aus Eigen- und Fremdüberwachung, laufend sichergestellt. Die industrielle Vorfertigung gewährleistet einen hohen Qualitätsstandard, insbesondere im Hinblick auf chemische und mechanische Beständigkeit, Wasserdichtheit und Maßgenauigkeit.
Die spezifischen Eigenschaften des Werkstoffes Beton, vor allem die Zunahme der Festigkeit gegenüber den Kurzzeitprüfwerten, ermöglichen eine gegenüber anderen Werkstoffen besonders hohe Nutzungsdauer.

Bei der Errichtung von Eiprofilkanälen in Ortbetonbauweise hat sich in Österreich die Verwendung der Pneumoschalung, eines aufblasbaren Schalungselementes aus Neoprenebeschichtetem Spezialgewebe, bewährt. Bei dieser patentierten Bauweise wird die Schalung in den gängigen Profilgrößen 50/75 bis 120/180 erzeugt. Die genormte Eiprofilform wird durch ein Mehrkammersystem in aufgeblasenem Zustand erreicht. Formstabilität ist gewährleistet; die Druckkontrolle wird durch eingebaute Manometer durchgeführt, Nutzlänge ca. 10 bzw. 20m.

Vorteile der Pneumoschalung:

- Arbeits- und zeitsparendes Ein- und Ausschalen
- Glatte Innenflächen
- Dichter, problemloser Anschluß an die Sohlschalen
- Stoßfugen nur alle 10 bzw. 20m
- Herstellen von Krümmungen (Radius = 20x Profilbreite)
- Einfacher Transport und Aufbewahrung.

Der Einbau erfolgt durch Auslegen des Schlauches auf der vorbereiteten Polyesterbeton- bzw. Steinzeugsohle. Nach dem Aufblasen mittels Baukompressor wird die Pneumoschalung durch aufgesetzte Kanthölzer, die gegen die Künettenbölzung verspreizt werden, gegen Auftrieb gesichert. Nach dem Anbringen der Stirnschalung wird der Beton beidseitig gleichmäßig eingebracht. Nach Erhärtung des Betons wird die Luft zum Teil abgelassen, der Schlauch für den nächsten Betoniervorgang vorgezogen. Der gesamte Zeitaufwand für Ausschalen, Vorziehen, erneutes Aufblasen und Fixieren beträgt für einen 20m-Abschnitt ca. 90 Minuten für 2 Mann.

PUMPBETON

Dieser Beton wird durch Rohrleitungen zur Einbaustelle gefördert. Als Bindemittel sind alle Normenzemente zu verwenden; besondere Maßnahmen erfordern Bindemittel, die Wasser abstoßen, wie Hüttenzemente.

Zuschläge

Notwendig sind Sieblinien in der oberen Hälfte der Sieblinienfläche. Wichtig ist eine genügende Menge an Mehlkorn unter 0,02mm, da die Feinstteile beim Pumpbeton als Gleit- und Schmiermittel sowie zur Wasserhaltung unentbehrlich sind. In der Regel sollen die angegebenen Mindestmengen an Mehlkorn beim Pumpbeton um ca. 50kg/m^3 erhöht werden.

Die Konsistenz ist am günstigsten, wenn der Beton als geschlossener Pfropfen aus der Rohrleitung austritt und erst beim nächsten Pumpenstoß bricht. Der w/z-Wert muß entsprechend den betontechnologischen Erfordernissen gewählt werden. Er soll aber nicht über 0,60 liegen, wenn hohe Dichtigkeit und Widerstandsfähigkeit gegen chemische Einwirkungen und brauchbare Sichtflächen verlangt werden.

Betonzusätze - auch zur Veränderung der Materialeigenschaften - sind bei Pumpbeton, der zur Wiederherstellung von Kanälen dient, unerläßlich. Um fehlendes Mehlkorn auszugleichen, werden Mikroluftporenbildner eingesetzt. Betonverflüssiger und Superplastifizierer ermöglichen durch Reduktion der Anmachwassermenge bei gleicher Verarbeitbarkeit des Betons technisch vertretbare Bindemittelmengen bei höheren Betongüten. Die Veränderung der mechanischen Eigenschaften erfolgt durch Zumischung von Kunststoffdispersionen oder emulgierbaren Reaktionskunstharzen. Durch derartige Zusätze werden E-Modul, Biegezug- und Druckfestigkeit verändert, aber auch die Chemikalienbeständigkeit entscheidend verbessert.

SPRITZBETON

In bezug auf Spritzbeton unterscheidet man zwei Verfahren: Naßspritzverfahren mit flüssigen Erstarrungsbeschleunigern und Trockenspritzverfahren mit pulverförmigen Beschleunigern.
Verwendbar sind alle Normenzemente. Eine Kornzusammensetzung im Sieblinienflächenbereich B und C ist besonders geeignet. Der Wasserzusatz ist möglichst niedrig zu halten, in der Regel 7 bis 10 Gew.-%, bezogen auf das trockene Gemenge, bei einem w/z-Wert von 0,40 bis max. 0,60. Die Zusammensetzung der Ausgangsmischung ist durch den verfahrensbedingt auftretenden Rückprall, der von Einflußgrößen wie Spritzrichtung, Spritzdruck, Schichtdicke, Aufbau des Betons bestimmt wird, laufend anzupassen.

Neben den zwingend enthaltenen Erstarrungsbeschleunigern werden dem Spritzbeton zur Veränderung der Materialeigenschaften Kunststoffdispersionen oder emulgierbare Reaktionskunstharze, Stahl- oder Kunststoffasern, aber auch puzzolanische Füller, z.B. Flugasche, beigegeben. Die Kunststoffe beeinflussen vor allem Biegezugfestigkeit, E-Modul und chemische Widerstandsfähigkeit. Die Faserzusätze erhöhen die Schlagzähigkeit und können, je nach Länge und Durchmesser, den Rückprall vermindern. Puzzolanische Zusätze beeinflussen die Chemikalienbeständigkeit und erhöhen die Dichtigkeit, wenn die Zumischung nicht als teilweiser Ersatz, sondern zum Bindemittel erfolgt.
Vor Aufbringen des Spritzbetons auf alte Bauteile ist mit Preßluft und Wasser oder mit Sandstrahlen - trocken oder naß - gründlich zu reinigen und bis zur Wassersättigung anzunässen.

2.2.1.2. FASERZEMENT/FASERBETON

STAHLFASER-, GLASFASERBETON, ASBESTZEMENT

ALLGEMEIN

Bei zementgebundenen Werkstoffen sind die Frisch- und Festbetoneigenschaften durch die Beigabe weniger Vol.-% geeigneter Fasern beeinflußbar.
Abgesehen von den seit Jahrzehnten bekannten Asbestfasern werden

- Stahlfasern
- Glasfasern
- Fasern aus polymeren Werkstoffen

eingesetzt.- In Tab. 2.7 sind die Eigenschaften und Kennwerte einzelner Faserwerkstoffe und der daraus hergestellten Fasern angeführt. Ergänzend dazu seien die am häufigsten für Faserbeton verwendeten Fasern teilweise nach Wesche (2/28) kurz beschrieben:

Asbestfasern
Asbest wird im Tagbau durch Abschlagen anhängenden Gesteins gewonnen, aufgefasert und durch Sieben nach Faserlängen sortiert. Durch den hohen Schmelzpunkt von 1550°C ist er sehr feuerbeständig und gegen aggressive Lösungen außer Mineralsäuren sehr widerstandsfähig; außerdem besitzt er hohe Zugfestigkeit, ausgezeichnetes elektrisches Isoliervermögen, Filterfähigkeit und Zementaffinität.

Glasfasern
Glasfasern für Beton werden wie Glaswolle und andere Glasfasererzeugnisse als Rovings hergestellt. Sie dürfen jedoch nicht mit den Alkalien des Betons reagieren, da durch eine ungleichmäßige Abtragung Kerbwirkungen entstehen und damit ihre mechanischen Eigenschaften wesentlich verschlechtert werden. Alkaliresistente Glasfasern erhält man durch den Zusatz von Zirkondioxid (ZrO_2). Durch die Zugabe von Polymerdispersionen zur zementgebundenen Matrix kann diese Reaktion bei gewöhnlichem E-Glas ebenfalls verhindert werden.

Stahlfasern
Stahlfasern werden in der Regel mit einem kreisförmigen Querschnitt ($2{,}5.10^{-4}$-$7{,}5.10^{-4}$m Durchmesser) in verschiedenen Arbeitsgängen der Warm- und Kaltverarbeitung erzeugt; besonders geformte Stahlfasern (Stahlwollekurzschnitte, Fasern mit gekröpften Enden) kommen gleichfalls zur Anwendung.

Polymerfasern
Kunststoffasern werden ähnlich wie Glasfasern produziert; sie sind meistens Polyolefine oder Polyamide. Durch eine Warmreckung können Zugfestigkeit und E-Modul z.B. der Propylenfaser beträchtlich erhöht werden, während die üblichen Kunststoffasern geringe Festigkeiten und E-Moduln - dafür aber hohe Bruchdehnung - aufweisen.

Carbonfasern
Die Herstellung von Carbonfasern erfolgt durch die Karbonation organischer Fasern bei hohen Temperaturen; durch das Aufbringen einer Zugbeanspruchung werden die Kristalle sehr stark in Faserlängsrichtung ausgerichtet. Die Carbonfasern haben den höchsten E-Modul und die geringste Bruchdehnung, sind jedoch die teuersten gebräuchlichen Fasern.

Faserart	Reindichte 10^3 kg/m^3	Durchmesser mm	max. Faserlänge m [4])	max. Zugfestigkeit N/mm^2	E-Modul 10^3 N/mm^2	Poisson-Konstante	Bruch-dehnung %	Dosierung im Faserbeton Gew.-%	Dosierung im Faserbeton kg/m^3
Stahl[1])	7,8	0,25	endlos	2500	210	0,28	1,3	max. 7	170
Stahl[2])	7,8	0,25	endlos	1000	210	0,28	0,5	max. 7	170
E-Glas	2,6	0,02	endlos	2000—3000	80	0,20	3,5	max. 5	110
A-Glas[3])	2,7	0,02	endlos	2000	80	0,20	2,5	max. 5	110
Asbest (Chrysotil)	2,5	10^{-4}—10^{-2}	ca. 0,10	750	150	0,30	2,0	10	230
Carbon	1,9	0,008	endlos	2500	250	0,35	1,0	10	230
Nylon 242	1,1	0,02	endlos	900	5	0,40	15,0	3	70
Polypropylen	0,9	0,03	endlos	500	6	0,45	5,0	0,5	12
Kevlar 49	1,5	0,01	endlos	2500	130	—	2,0	1,5	35
Sisal	1,5	0,05	[5])	800	—	—	5,0	—	—
Zum Vergleich: Zementstein W/Z-Wert = 0,30	2,2	—	—	2	ca. 30	ca. 0,25	0,05	—	—

[1]) hoher C-Gehalt [2]) niedriger C-Gehalt [3]) alkalibeständig [4]) bezogen auf den Herstellungsprozeß [5]) entsprechendes natürliches Vorkommen vorausgesetzt

Tab. 2.7: Eigenschaften verschiedener Faserwerkstoffe (Richtwerte) nach Wesche (2/28)

STAHLFASERBETON

Anfang des 20. Jahrhunderts wurde die Idee des Stahlfaserbetons in einer französischen Patentschrift beschrieben, d.h. die Verbesserung der Betonzugfestigkeit durch Einmischen von Stahlstücken.

Beim Verbundbaustoff Stahlfaserbeton wird der Grundwerkstoff Beton (mit bestimmter Zusammensetzung und Korngröße) durch Zugabe geeigneter Fasern derart verstärkt, daß er gegen statische und dynamische Beanspruchungen verbesserte Gebrauchseigenschaften aufweist. Die Fasern sind im allgemeinen Bewehrungselemente bzw. diskontinuierliche Faserabschnitte (z.B. Drahtabschnitte oder durch Fräsvorgang von einem Stahlblock abgescherte Stahlspäne) mit sehr kleinen Querschnittsabmessungen und solchen Längen, daß sie während des Mischvorganges in den Beton eingebracht bzw. gemeinsam mit den Betonbestandteilen zu einer quasi-homogenen Masse verarbeitet werden können.

Eine Zusammenstellung der verschiedenen Stahlfaserformen (Geometrie der Fasern) zeigt Abb. 2.1.

Die Stahlfasern haben gegenüber der Betonmatrix einen wesentlich höheren Elastizitätsmodul und primär die Aufgabe, die geringe Zugfestigkeit und andere (mehrachsige) Festigkeitseigenschaften zu verbessern bzw. über größere Dehnungsbereiche zuverlässig abzusichern.

Durch spezielle Formgebung bzw. Oberflächenausbildung können die in die Fasern einleitbaren Kräfte - infolge größerer Verbundspannungen - erhöht werden. Die Vergrößerung der aufnehmbaren Beanspruchungen über die ganze Faserlänge (z.B. Fasern mit profilierter Oberfläche) oder konzentriert am Faserende (z.B. Fasern mit abgewinkeltem bzw. verbreitetem Faserende) führt zur Erhöhung der Wirksamkeit der Faserbewehrung.

Betrachtet man den mehrfachen Verbundbaustoff bzw. das Dreistoffsystem (Zementstein, Zuschlag und Stahlfasern) näherungsweise als einen Zweikomponenten-Verbundwerkstoff (Betonmatrix und Stahlfaser), lassen sich die wichtigsten Einflußgrößen für das Tragverhalten (Werkstoffverhalten) des Stahlfaserbetons darstellen:

- Eigenschaften der Betonmatrix
- Eigenschaften der Stahlfasern
- Zusammenwirken von Betonmatrix und Stahlfasern
  Haftung und Verträglichkeitsanforderungen (bezüglich Korrosion und chemischen Reaktionen) zwischen Fasern und Matrix, Mischungsverhältnis, Fasergehalt und Faseranordnung.

Stahlfaser	Art der Faserelemente	Markenname	Fabrikat (Hersteller)
	gerade Faser mit glatter Oberfläche (Kreisquerschnitt)	WIREX DRAMIX-OL	Trefil Arbed Bekaert
	mit profilierter Oberfläche	Duoform	National Standard
	mit Rechteck-querschnitt mit Quadrat-querschnitt		
	gefräste Faser mit rauher Oberfläche		Harex
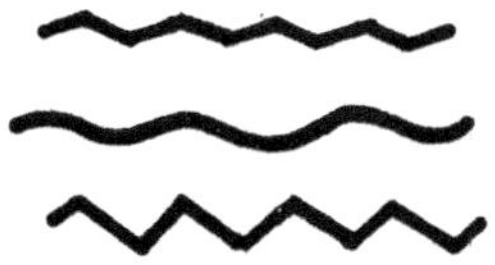	Faser gewellt		Johnson & Nephew
	Faser mit abgewinkeltem Faserende (lose Art)	Dramix-ZL	Bekaert
	Faser mit abgewinkeltem Faserende (geklebte Art)	Dramix-ZP Dramix-ZC	Bekaert
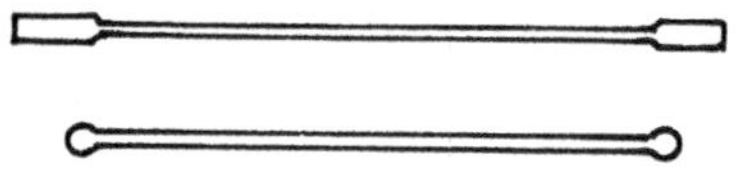	Faser mit Endverankerung (Verdickung am Faserende)		Thibo

Abb. 2.1: Zusammenstellung verschiedener Formen von Stahlfasern

Technologien zur Herstellung von Stahlfaserbeton

Unter der Herstellungstechnologie faserverstärkter Verbundwerkstoffe versteht man jene Vorgänge - von der Anlieferung der Ausgangsstoffe bis zum Mischverfahren -, die zur Herstellung der Faserbetonmischung notwendig sind.
Ziel jedes Herstellungsverfahrens ist, die Faserelemente in der Beton- bzw. Mörtelmatrix derart zu verteilen, daß ein Zusammenwirken (Kräfteübertragung) zwischen Fasern und Betonmatrix durch Verbundwirkung entsteht. Die Realisierung dieser Zielvorstellung hängt im wesentlichen von den Materialeigenschaften der Ausgangsstoffe sowie von der Herstellungstechnologie ab.

Einen Überblick über die Faktoren, die den Einsatz des Stahlfaserbetons maßgeblich beeinflussen, gibt Tab. 2.8.

Aus den Ausgangsstoffen - Fasern, Zement, Wasser, Zuschlag und ev. Zusatzmittel - wird Stahlfaserbeton derzeit nach folgenden Technologien erzeugt:

- Einmischverfahren
  (für die Betonherstellung üblicher Mischprozeß)

- Einspritzverfahren
  Trockenspritzverfahren
  Naßspritzverfahren

- Einlegeverfahren.

Eigenschaften des Stahlfaserbetons

Bei der Verwendung ausreichend langer und auf das Betongefüge versteifend wirkender Fasern mit geringem Faserabstand wird die Herstellung eines zementgebundenen Baustoffes mit folgenden - gegenüber dem Grundbeton verbesserten - Eigenschaften ermöglicht:

- Erhöhte Zug- und Biegezugfestigkeit (vor allem bei Stoßbeanspruchungen und dynamischen Beanspruchungen) mit gleichzeitigem geringfügigem Druckfestigkeitsanstieg

- Verbessertes Arbeitsvermögen (Duktilität), hohe Bruch- und Schlagzähigkeit sowie Verschleißfestigkeit

- Verbessertes Riß- bzw. Nachrißverhalten durch günstigere Anrißverteilung unter Behinderung des Rißwachstums

- Verringertes Schwinden und bessere Temperaturbeständigkeit sowie verbesserte Herstellungs- und Formgebungsmöglichkeiten.

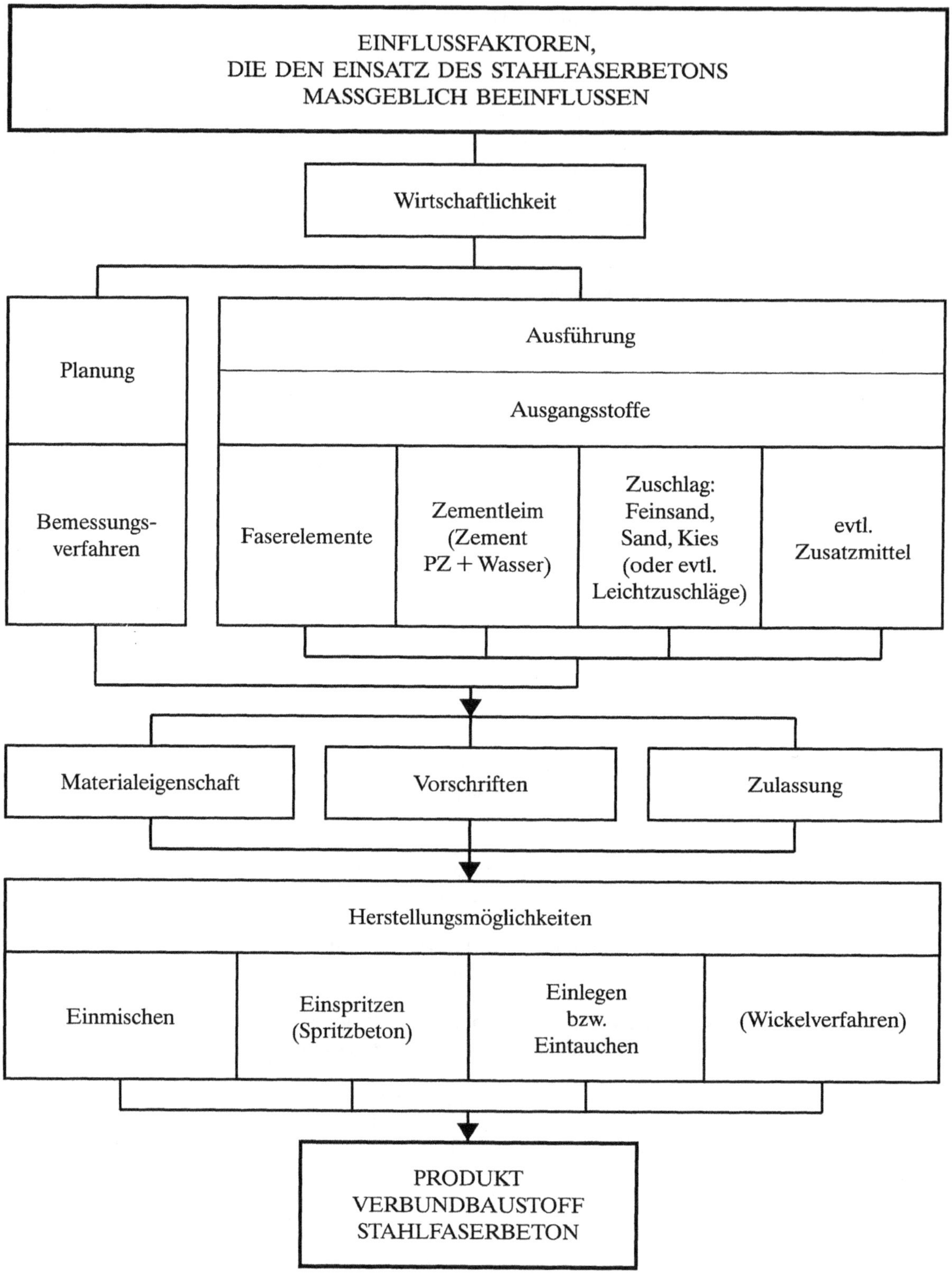

Tab. 2.8: Tabellarischer Überblick über die wesentlichen Einflußfaktoren in bezug auf den Einsatz des Stahlfaserbetons

Festigkeitskennwerte und Formänderungsverhalten

Bei der Auswertung bzw. Erfassung der veröffentlichten Versuchsergebnisse stellte sich heraus, daß die Resultate häufig ohne Angabe der Versuchsbedingungen bzw. Beschreibung der Probekörper aufschienen. Aufgrund der unterschiedlichen Ausgangsparameter weisen die Versuchsergebnisse große Streuungen auf und sind nur bedingt vergleichbar (2/21).
Eine Übersicht über die in der ausgewerteten Literatur untersuchten, verbesserten Materialeigenschaften im Vergleich zu unbewehrtem Grundbeton ("Nullbeton") findet sich in Tab. 2.9.

Materialeigenschaften	VERBESSERUNGEN GEMÄSS (Vergleich zum unbewehrten Grundbeton)			
	Edgington	Hannant	Schnütgen	Shah
(Literatur)	[2/5]	[2/10]	[2/22]	[2/23]
Druckfestigkeit	geringe Erhöhung	25%	10 ÷ 70%	geringe Erhöhung
Zugfestigkeit	geringe Erhöhung[1])	30%	30 ÷ 50%	Erhöhung
Biegezugfestigkeit	bis 200%	bis 200%	30 ÷ 180%	bis 200%
E-Modul	—	—	5%	—
Schwinden	kein Einfluß	kein Einfluß	−30%	—
Kriechen	kein Einfluß	kein Einfluß	+20%	—
Schlagzähigkeit	500%	—	—	—
Rißspannung[2])	—	bei Biegeversuch erhöht	—	geringer Einfluß auf Proportionalitätsgrenze
Arbeitsvermögen	—	2000 ÷ 4000%	500 ÷ 2000%	bis 2000%
Wärmedehnzahl	—	—	unbeeinflußt	—
Wärmeleitfähigkeit	—	—	+40%	—

[1]) Geringe Erhöhung, jedoch garantierte Zugfestigkeit.
[2]) Jene Spannung des Verbundmaterials, bei der der erste makroskopische Riß auftritt.

Tab. 2.9: Tabellarischer Überblick über nachgewiesene (verbesserte) Materialeigenschaften des faserbewehrten Betons gegenüber dem unbewehrten Beton

GLASFASERBETON/GLASFASERSPRITZBETON

Glasfasern für Beton werden wie Glaswolle und andere Glasfasererzeugnisse als Rovings erzeugt. Sie dürfen aber nicht mit den Alkalien des Betons reagieren, da durch eine ungleichmäßige Abtragung Kerbwirkungen entstehen und so die mechanischen Eigenschaften wesentlich verschlechtert werden. Bezüglich der Verwendung von Glasfasern existieren zwei Möglichkeiten zur Erzielung der Alkaliresistenz:

- Verwendung alkalibeständiger Glasfasern (A-Glas)

- Beigabe gewöhnlicher Glasfasern (E-Glas) zu einer Zementmatrix, die aber mit einer Polymerdispersion zum Korrosionsschutz der Fasern versetzt wird (2/19).

Der Begriff "Glasfaserspritzbeton" bezeichnet einen Spritzbeton bzw. Spritzmörtel, dessen Gehalt an alkalibeständigen Glasfasern durch geforderte Eigenschaften und Verarbeitbarkeit vorgegeben ist.

Roh- und Ausgangsstoffe:
- Portlandzement gem. ÖNORM B 3310
- Zuschlagstoff gem. ÖNORM B 3304
- Wasser
- Zusätze, z.B. Fließmittel.

Aufgrund der besonderen Eigenschaften der Glasfasern ist das Größtkorn dieses Betons mit max. 4,0mm beschränkt; daher wäre die Bezeichnung "Glasfaserspritzmörtel" in bezug auf die bestehenden Normen richtiger. "Glasfaserspritzbeton" wird als Fachausdruck gewählt, um die zielsichere Erzeugung gegenüber Spritzmörtel zu verdeutlichen, der vorwiegend volumsmäßig zusammengesetzt wird (Tab. 2.10).

	GLASFASERBETON	STAHLFASERBETON
Verfahrenstechnik	● Naßspritzverfahren — Dichtstromförderung	● Trockenspritzverfahren ● Naßspritzverfahren — Dichtstrom (mit großen Einschränkungen) — Dünnstrom
Faserlänge	max. 50 mm	max. 30 mm
Erforderlicher Fasergehalt	max. 4,0 Gew.-%	3—8 Gew.-% je nach Fasergeometrie
Faserzugabe	an der Spritzdüse	zum Ausgangsmischgut
Größtkorn	max. 2 mm	max. 16 mm
Förderleistung abhängig von Spritzmaschine	max. 1,0 m^3/h (d. s. ca. 70 m^2/h)	wie „konventioneller" Spritzbeton
Einsatzgebiet	● Stationäre Fertigung ● Dünnwandige Bauteile max. 2,0 cm	● Tunnelbau ● Wiederherstellung von Bauteilen Bauteildicke > 5,0 cm

Tab. 2.10: Glasfaserbeton - Stahlfaserbeton/Vergleich

Eigenschaften und Herstellung von Glasfaserspritzbeton

Die Herstellung von Glasfaserspritzbeton erfolgt immer im Naßspritzverfahren. Ein weiteres Charakteristikum ist das Größtkorn von 2,0mm bis max. 4,0mm (Schema - siehe Abb. 2.2). Der Glasfaserroving wird in einem am Spritzkopf befindlichen Schneidwerk auf die erforderliche Länge geschnitten und in den frischen Mörtel eingeblasen.

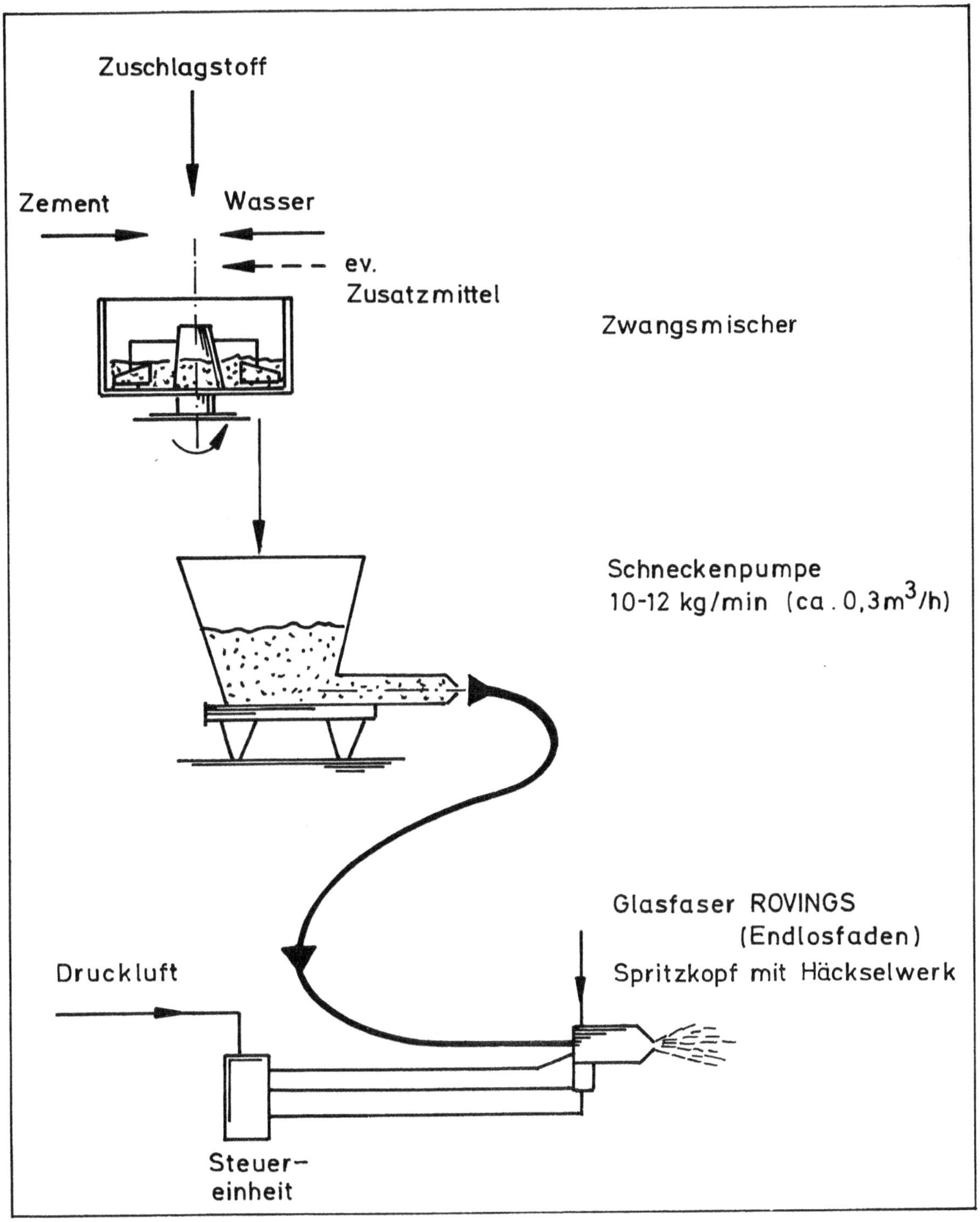

Abb. 2.2: Schema der Herstellung und des Auftragens von Glasfaserspritzbeton

Die Fasermenge kann über die Umdrehungszahl des mit Druckluft betriebenen Schneidwerkes gesteuert werden. Diese Methode ist vornehmlich für den stationären Betrieb gedacht (Abb. 2.2). Ein Überkopfspritzen ist mit dieser Technologie nicht möglich, da der frische Mörtel in das Schneidwerk gelangen kann. Glasfaserspritzbeton wird je nach der erforderlichen Bauteildicke in zwei bis drei Lagen aufgetragen; eine einfache Rollenverdichtung ist ausreichend. Eine konventionelle Verdichtung mittels Rütteltisch ist nicht vorteilhaft, da Bauteile aus Glasfaserspritzbeton oft senkrechte oder schiefe Flächen aufweisen. Der frische Glasfaserbeton kann von der Schalung abgleiten, der gegenteilige Effekt - Gefügeauflockerung - tritt ein. Technologische Vergleiche mit dem konventionellen Spritzbeton scheinen nicht zielführend, da mit Glasfaserspritzbeton nur dünnwandige Bauelemente (Dicke etwa 15 bis 20mm) hergestellt werden. Beim Mischungsaufbau ist ein möglichst geringer w/z-Wert einzuhalten, um für die Glasfasern die entsprechende optimale Haftfestigkeit zu gewährleisten. Das Größtkorn liegt bei 2,0 bis 4,0mm. Als Regelsieblinien empfehlen sich die Sieblinien des Sandes 0/1 bzw. 0/4, erstere entsprechend ÖNORM B 3304, Ausgabe 1971.

Größenordnungen der mechanischen Eigenschaften von Glasfaserspritzbeton
Betondruckfestigkeit: 60,0N/mm^2
Biegezugfestigkeit: 15,0 bis 25,0N/mm^2.
Die Größenordnung beträgt rund das Dreifache des konventionellen Betons. Die Druckfestigkeit wird durch Zugabe von Glasfasern nicht beeinflußt. Der relativ hohe Wert ist in erster Linie auf den erforderlichen niederen w/z-Wert zurückzuführen (Tab. 2.11, Abb. 2.3).

Eigenschaften von Glasfaserbeton und Glasfaserspritzbeton

EIGENSCHAFT	ZAHLENWERT, BESCHREIBUNG
Raumgewicht	2,25-2,35kg/dm^3
Druckfestigkeit	ca. 60,0N/mm^2
Biegezugfestigkeit	15-25N/mm^2
Zugfestigkeit	5-7N/mm^2 (Glasfaserhaftung)
Zugfestigkeit	8-14N/mm^2 (endgültiger Bruch)
E-Modul	18-20.000N/mm^2
Bruchdehnung	max. 13%
Schlagzähigkeit	sehr gut (kein Wert vorhanden)
Temperaturausdehnungskoeffizient	7-11x10^{-6}K^{-1}
Wärmeleitfähigkeit	1,3W/mK
Schwindmaß	1-1,5mm/m (mittlerer Wert)
Dampfdiffusionswiderstandsfaktor	90-140
Wassereindringtiefe	3-8mm (bei w/z=0,45, 7,0bar)
Rauhigkeit	wie Asbestzement
Frostbeständigkeit	gem. ÖNORM B 4200, 10. Teil
Langzeitbeständigkeit	siehe (2/19)
Brandschutz bei 15mm Dicke	F 60
Gesundheitsschutz	keine Faserstaubgefährdung
Materialdicken	von 12-20mm
Elementgrößen	Längen bis 4m, Breiten bis 2,5m (lieg. Transport), 3,5m (steh. Transport)
Bearbeitbarkeit	Bohren; Schneiden mit Trennscheibe
Befestigungsmöglichkeiten	Schraubung, Klemmung, Keilung, Klebung Verdickungen im Befestigungsbereich nötig
Verträglichkeit mit anderen Werkstoffen	wie Beton gem. ÖNORM B 4200, 10. Teil
Widerstand gegen chemischen Angriff	wie Beton gem. ÖNORM B 4200, 10. Teil

Tab. 2.11

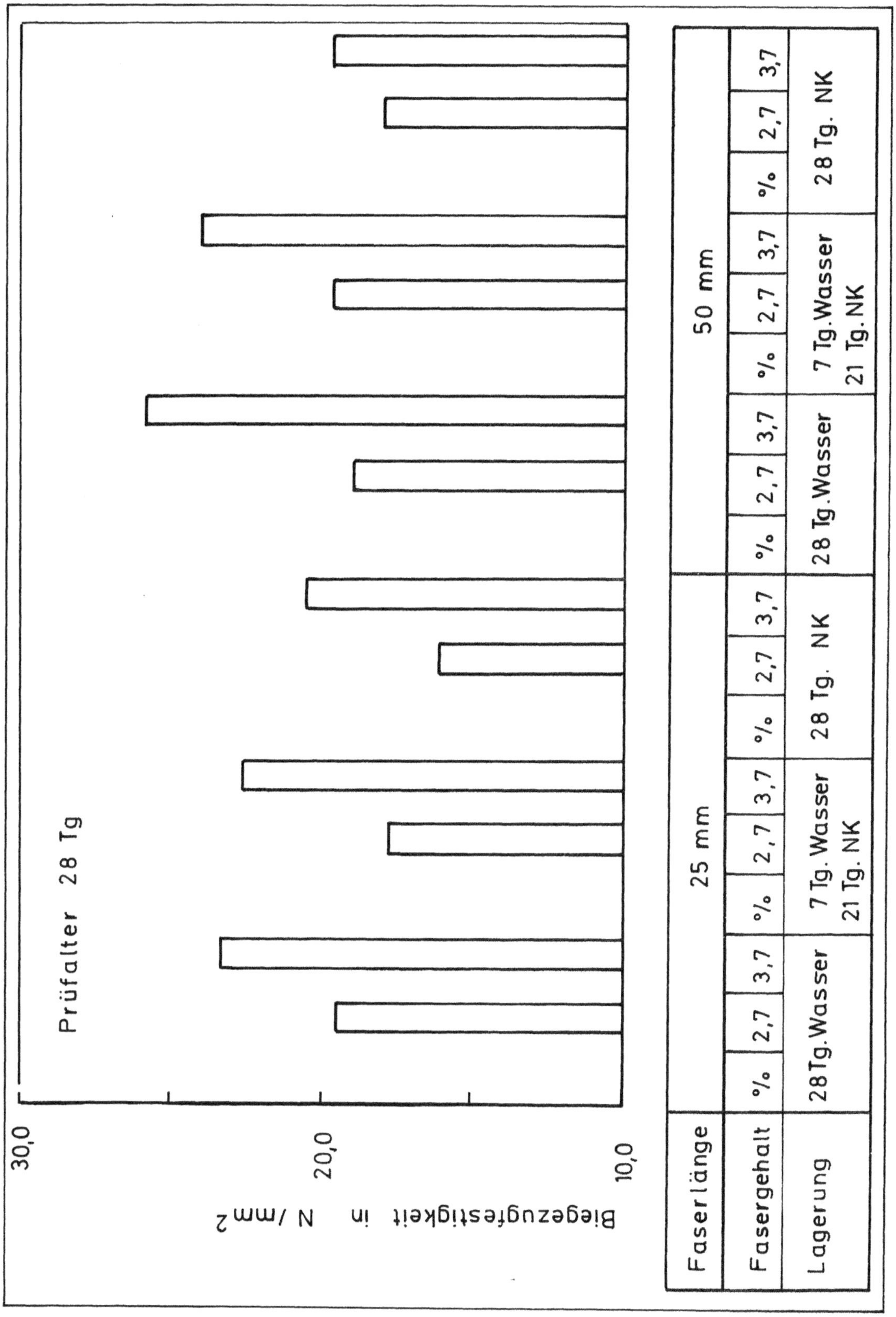

Abb. 2.3: Biegezugfestigkeit von Glasfaserspritzbeton

Für die Herstellung von Glasfaserbeton im Mischverfahren sind spezielle Mischeinrichtungen notwendig, die sich von den bei der Erzeugung konventionellen Betons eingesetzten unterscheiden. Die Glasfasern werden mittels eines Schneidwerkes in einen kontinuierlich arbeitenden Schneckenmischer eingebracht; dieser fördert dann in die entsprechenden Formen bzw. Schalungen.

ASBESTZEMENT

Definition

Asbestzement (Faserzement) besteht aus einer Mischung von Asbestfasern, fasrigen sowie nichtfasrigen Zuschlagstoffen, Zement und Anmachwasser. Die Fasern wirken als Bewehrung. Sie können über den ganzen Materialquerschnitt gleichmäßig verteilt (Homogen-Aufbau) oder in einzelnen Schichten konzentriert (Sandwich-Aufbau) sein. Für den Werkstoff Asbestzement verwendet man üblicherweise die Kurzbezeichnung "AZ".

Ausgangsstoffe

Asbest
"Asbest" ist eine Sammelbezeichnung für eine Gruppe silikatischer Mineralien, die in der Natur als Fasern vorkommen und vorwiegend in Gesteinsadern gefunden werden. Die Fasern kristallisieren einachsial aus, hauptsächlich quer zu den Gesteinsadern. Als Bewehrungsfaser für AZ- Rohre dient der zur Gruppe der Serpentinasbeste gehörende Chrysotil (Weißasbest). Asbest hat viele außergewöhnliche Eigenschaften, z.B. Unbrennbarkeit, thermisches und elektrisches Isoliervermögen, gute chemische Beständigkeit und hohe Zugfestigkeit; aufgrund dieser Kombination von Eigenschaften ist er ein idealer Bestandteil von Baustoffen. Die bedeutendsten Asbestvorkommen liegen in Kanada, der Sowjetunion und im südlichen Afrika.

Fasrige Zuschlagstoffe
Vor allem bei ebenen AZ-Materialien (Dach-, Fassadenplatten) werden neben Asbestfasern auch andere Fasern, z.B. Glasfasern, der Mischung beigegeben. Die Zugaben sind aus herstellungstechnischen Gründen notwendig; sie betragen nur wenige Gew.-%.

Nichtfasrige Zuschlagstoffe
Nichtfasrige Zuschlagstoffe können bei Dach- und Fassadenplatten etwa Farbpigmente oder Streuschichten sein; bei Rohren - insbesondere bei Kanalrohren mit Mehrschichtaufbau - ist die Zugabe von sogenanntem Drehabfall möglich, d.h. von bereits abgebundenem AZ-Material, das beim Bearbeiten der Rohre im Werk anfällt. Gemäß der ÖNORM B 5062 "AZ-Kanalrohre" darf der Masseanteil an nichtfasrigen Zuschlagstoffen 20% nicht überschreiten.

Zement
Als Bindemittel für AZ-Materialien wird fast ausschließlich genormter Portlandzement (PZ 275) verwendet, in Sonderfällen (Aggressivität) Spezialzement, z.B. bei Sulfatangriff C_3A-freier Zement.
Das Bindemittel Zement bestimmt weitgehend die chemische Beständigkeit der AZ-Materialien; daher gelten die im Kapitel "Zement" genannten Eigenschaften.

Anmachwasser
Für die Erhärtung (Hydratation) von Zement ist Wasser nötig. In der Regel wird Leitungswasser zum Anmachen des AZ-Gemisches eingesetzt, ggf. auch Grund- und Oberflächenwasser, das frei von Verunreinigungen ist. Hier gelten ebenfalls die Vorschriften der Betonherstellung.

Die folgenden Ausführungen beschränken sich auf AZ-Rohre, da nur diese bei der Kanalsanierung zur Anwendung kommen.

Herstellung

Bezüglich des Herstellungsvorganges unterscheidet man vier Abschnitte:

- Aufbereiten des Asbests
  Herstellen des Asbest-Zement-Wasser-Gemisches

- Wickeln der Rohre auf einer Rohrmaschine

- Abbinden und Erhärten der Rohre

- Nachbearbeiten der Rohre.

Der aufbereitete Asbest wird in Naßmischern mit Zement ungefähr im Gewichtsverhältnis von 12:88 zu einem wässerigen Brei verarbeitet, der von Siebzylindern aufgenommen und auf einem endlosen Transportfilz als ca. 0,4mm dünnes, weitgehend entwässertes Asbestzementvlies unter hohem Druck in Lagen um einen zylindrischen Stahlkern gewickelt wird, bis die gewünschte Wanddicke erreicht ist.
Die glatte Oberfläche des Stahlkerns ist für die hydraulisch glatte Innenfläche des fertigen Rohres ausschlaggebend. Durch eine Druckpartie werden die Asbestzementschichten zusätzlich verdichtet und weiter entwässert; dabei erfolgt eine innige Verzahnung der Wickelschichten. Der die spätere Festigkeit bestimmende w/z-Faktor kann dadurch auf unter 0,3 gesenkt werden.
Nach dem Ziehen des Stahlkerns, der in den ersten Stunden als Stützelement dient, lagert man die Rohre zwei Wochen im Wasserbad, wodurch ein spannungsfreies Abbinden möglich wird. Die nächsten Schritte sind Bearbeitung der Rohre, Ablängen und Abdrehen der Rohrenden, Kontrollen und Prüfungen.

Arten

Homogenrohre
AZ-Rohre mit homogenem Wandaufbau werden im Nennweitenbereich DN 150 bis DN 2150 erzeugt. Homogenrohre werden dort eingesetzt, wo vorwiegend reine Zug- oder Druckspannungen auftreten (Durchpreß-, Abwasserdruckrohre).

Sandwichrohre
Bei Druck- wie auch Zugspannungen im Rohrquerschnitt (Scheitelbelastung) wird die Rohrwand im Mehrschichtaufbau (Sandwich) hergestellt; die Bewehrungsfasern sind in den statisch wirksamen Zonen konzentriert.
Sandwichrohre werden derzeit im Nennweitenbereich DN 300 bis DN 1000 produziert.

Eigenschaften

Hydraulische Eigenschaften

Aufgrund der Herstellungsweise zeichnen sich AZ-Rohre durch eine gleichbleibend glatte Innenfläche aus. Die absolute Wandrauhigkeit kann nach den Empfehlungen des 3. Internationalen Wasserkongresses London 1955 mit K=0,025mm angesetzt werden.

Mechanische Eigenschaften

Abrieb
"Abrieb" bezeichnet die mechanische Beanspruchungsart, bei der es infolge der mitgeführten Feststoffteilchen im Abwasser zu einem Verschleiß an der Rohrwand kommt, insbesondere an der Rohrsohle. Dieser Verschleiß hängt von Fließgeschwindigkeit, Fortbewegungsart (Gleiten, Rollen, Springen), Feststoffanteil, Korndurchmesser und Kornbeschaffenheit ab.
Zur Prüfung des Abriebverhaltens von Kanalrohrmaterialien existieren verschiedene Versuchsanordnungen, die allerdings nicht hinreichend die Situation in der Praxis widerspiegeln.- Aufgrund von Praxiserfahrungen betrachtet die einschlägige Literatur max. Fließgeschwindigkeiten für Abwasserleitungen von 6,0 bis 8,0m/s als zulässig.
Untersuchungen der Magistratsabteilung 30, Kanalisation und Entsorgungsbetrieb der Stadt Wien, zufolge sind an einem mehr als 10 Jahre in Betrieb gewesenen, mit starker Geschiebeführung (Streusplitt) belasteten AZ - Kanal keinerlei Verschleißerscheinungen aufgetreten.

Mechanische Festigkeiten
Mindestwerte für die Festigkeiten von AZ-Kanalrohren gemäß ÖNORM B 5062:

Ringbiegezugfestigkeit: $33 N/mm^2$
Längsbiegezugfestigkeit: $20 N/mm^2$.

Mindestwerte für die Festigkeiten von AZ-Durchpreßrohren:

Ringbiegezugfestigkeit: $45 N/mm^2$
Längsdruckfestigkeit: $51 N/mm^2$.

Für AZ-Druckrohrleitungen (Druckkanäle) werden Rohre in den Normnenndruckstufen PN 6, PN 10 und PN 16 erzeugt.
Mindestfestigkeiten für diese Rohre:

Ringbiegezugfestigkeit: $45 N/mm^2$
Ringzugfestigkeit: $20 N/mm^2$.

Die Werksnormen der AZ-Rohrhersteller sehen allerdings zum Teil wesentlich höhere Mindestfestigkeiten, ggf. auch höhere Druckstufen als oben angegeben vor.

Statische Belastbarkeit
AZ-Rohre lassen sich aufgrund der Herstellungsweise ideal den gewünschten Belastungsanforderungen (z.B. Brückenklasse I, SLW 60) anpassen.
Mit Standardrohren (-wanddicken) können die in der Regel im Kanalbau auftretenden Belastungen mit ausreichender Sicherheit ohne besondere Bettungsmaßnahmen aufgenommen werden. Die Auswahl der Rohrklassen erfolgt üblicherweise mittels Überdeckungshöhendiagramm der AZ-Rohrhersteller oder nach individueller statischer Berechnung.

Dynamische Belastbarkeit
Verkehrsbelastungen auf im Erdreich eingebettete Rohre setzen sich aus statischen und dynamischen Belastungen zusammen. Untersuchungen mit schweren LKWs und Raupenfahrzeugen ergaben, daß die Materialfestigkeiten auch bei langandauernden Schwellbelastungen konstant bleiben; dies wird im allgemeinen auf das semielastische Verhalten der AZ-Rohre zurückgeführt.

Alterung
Die Materialfestigkeiten von AZ-Rohren nehmen durch den chemischen Erhärtungsprozeß von Zement mit dem Alter zu (Nacherhärtung).
Aus Untersuchungen an AZ-Rohren wurden für den Zeitraum 28 bis 360 Tage Festigkeitssteigerungen um etwa 15% ersichtlich.

Chemische Eigenschaften

Korrosionsbeständigkeit
In der Regel bestimmen verwendeter Zement und Materialdichte die Korrosionsbeständigkeit der AZ-Rohre; Art der Faserbewehrung und Herstellungsvorgang sind ebenfalls wesentlich. Durch die Vernetzung und Verfilzung der Faserbewehrung sowie die starke Bindung zwischen Asbestfasern und Zement wird der Abtransport bereits allenfalls angegriffener Zementteilchen weitgehend verhindert, so daß ein weiteres Fortschreiten des chemischen Angriffes weitgehend unterbunden wird; daher gehören AZ-Rohre zu den widerstandsfähigsten zementgebundenen Bauteilen.
Laut ÖNORM B 2503 - "Straßenkanäle, Ortskanalanlagen, Richtlinien für den Bau" können innen beschichtete AZ-Rohre (Standardrohre) bis Aggressivitätsstufe 2 (stark angreifend) eingesetzt werden. Für stärker angreifende Abwässer kann man geeignete Schutzmittel, z.B. Epoxybeschichtungen, auf die Oberfläche aufbringen.

Sonstige technische Kenngrößen

Masse - wassergesättigt: 1700kg/m^3 bis 2000kg/m^3
Wärmedehnungszahlen, Temperaturbereich: - 10°C bis +30°C
in Längsrichtung: 12,5x10^{-6} pro ^{o}C
in radialer Richtung: 16,7x10^{-6} pro ^{o}C
Elastizitätsmodul
bei Scheiteldruck: 25000N/mm^2
bei Längsbiegung: 22000N/mm^2.

Gesundheit und Umwelt

Aus wissenschaftlichen Unterlagen der letzten 20 Jahre läßt sich ableiten, daß jede Art von intensiver beruflicher Staubexposition ein erhöhtes, wenn auch schwer quantifizierbares Gesundheitsrisiko darstellt. Die besten verfügbaren Daten liegen heute über die Wirkung von Asbestfeinstäuben vor. Es zeichnen sich bereits Schwellenwerte im Bereich der heute an Arbeitsplätzen üblichen Konzentrationen ab, bei deren Unterschreitung keine erhöhten Risiken anzunehmen sind.
Feinstaub kann auch bei unsachgemäßer Bearbeitung fertiger Asbestzement-Materialien entstehen; deshalb entwickelte man langsam laufende Bearbeitungsgeräte, die ein gesichertes Unterschreiten dieser Schwellenwerte gewährleisten.

Kosten

Aufgrund der verschiedenen Arten und Verwendungsmöglichkeiten von AZ-Rohren ist eine exakte Preisangabe nicht möglich. Umgerechnet über die Masse des Materials ergeben sich Preise zwischen öS 8,— und öS 10,— pro kg fertigem Rohr.

Normen

Österreichische Normen

ÖNORM B 5060: AZ-Druckrohre.
ÖNORM B 5062: AZ-Kanalrohre, Rohre und Formstücke aus Asbestzement und Verbindungen, Anforderungen, Prüfungen und Gütesicherung.
ÖNORM B 2503: Ortskanalanlagen (Straßenkanäle); Richtlinien für die Ausführung.

Deutsche Normen

DIN 19850, Teil 1: Asbestzementrohre und -formstücke für Abwasserkanäle; Rohre, Abzweige, Bogen; Maße, technische Lieferbedingungen.
DIN 19850, Teil 2: Asbestzementrohre und -formstücke für Abwasserkanäle; Rohrverbindungen, Maße.

Internationale Normen

ISO 160: Asbestos-cement pressure pipes and joints.
ISO 881: Asbestos-cement pipes, joints and fittings for sewerage and drainage.
ISO 2785: Guidelines for the selection of asbestos-cement pipes subject to external loads with or without internal pressure.
ISO 4482: Asbestos-cement pipelines - Guide for laying.
ISO 4483: Asbestos-cement pipelines - Field pressure testing.
ISO 7337: Asbestos reinforced cement products - Guidelines for on-site work practices.

2.2.2. KUNSTSTOFFE

2.2.2.1. THERMOPLASTISCHE KUNSTSTOFFE

ALLGEMEIN

Kunststoffe sind organische Stoffe auf der Basis von Makromolekülen, die auf chemischem Weg künstlich erzeugt werden.
Die Makromoleküle können faden- bzw. kettenförmige Gestalt haben. Eine festere Bindung stellt die räumliche Vernetzung der Makromoleküle dar; diese führt, wenn sie eng ist, zu harten, wenn sie weit ist, zu gummielastischen Stoffen.

Makromoleküle entstehen durch einen vielfach wiederholten Zusammenschluß von Monomeren, d.h. niedermolekularen Verbindungen, die sich wegen des Gehaltes an ungesättigten oder anderen reaktionsfähigen Gruppen durch Polymerisation, Polykondensation oder Polyaddition zu Polymeren umsetzen lassen. Um unterschiedliche Materialeigenschaften zu erzielen, werden dem Bindemittel aus Makromolekülen Stabilisatoren, Füllstoffe, Weichmacher u.dgl. zugesetzt.
Unterscheidung nach dem physikalischen Verhalten:

- Thermoplaste
  (In der Wärme verformbar)

- Duroplaste
  (Geringste Änderung der Materialeigenschaften bis zur thermischen Zersetzungstemperatur. Duroplaste bilden harte Produkte, durch eine enge räumliche Vernetzung der Makromoleküle charakterisiert.)

- Elastomere
  (Wie Duroplaste durch Wärme nicht verformbar. Sie bilden weichelastische Produkte mit weiter Vernetzung der Makromoleküle.)

Im Hinblick auf die praktische Anwendung der Kunststoffe in der Kanalsanierung ist auch die folgende Gliederung von Interesse:

- Kunststoffe, die in Form von Vorprodukten auf die Baustelle gebracht und dort zum Endprodukt verarbeitet werden (Dispersionen, Dichtungsmassen etc.)

- Kunststoffe, die als Fertigprodukt auf die Baustelle gelangen (Rohre, Profile usw.)

Thermoplaste

Aus Thermoplasten werden Fertigprodukte, wie Rohre, Profile und Dichtungsbahnen, hergestellt.
Eine andere Gruppe der Thermoplaste sind Kunststoffdispersionen: Beständige, milchige Aufschwemmungen von Kunstharzen mit unterschiedlichem Teilchendurchmesser in Wasser. Sie sind die Bindemittel vieler Anstrichsysteme und werden dem Beton zur Veränderung der mechanischen Eigenschaften zugemischt.

Duroplaste

Im Bauwesen werden meistens flüssige Zwei-Komponenten-Reaktionskunstharze eingesetzt: Epoxidharze, Polyester, Polyurethane u.dgl. Ungefüllt dienen sie als Injektionsharze, Imprägnierungen und Beschichtungen. Gefüllte Reaktionsharze sind Kunststoffbetone, Beschichtungen und faserverstärkte Kunststoffe.

Elastomere

Aus Elastomeren bestehen zahlreiche elastische Fertigprodukte, z.B. Fugenbänder, Dichtungsbahnen. Elastomere lassen sich auch durch Vernetzung flüssiger oder pastöser Komponenten an Ort und Stelle erzeugen. Auf diese Weise entstehen elastische Beschichtungen und Dichtungsmassen. Elastomere: Gummi, Weichpolyurethane, Silikone usw.

EIGENSCHAFTEN

Kunststoffe, die auf der Baustelle zum Endprodukt verarbeitet werden

Zu den Kunststoff-Vorprodukten, die auf der Baustelle zum Endprodukt verarbeitet werden, gehören primär Reaktionsharze und Kunststoffdispersionen. In diesem Bereich existieren viele Kunststofftypen, die weitreichende Anwendung finden.- Einen Überblick gibt die folgende Tabelle:

EINSATZZWECK bzw. ENDPRODUKT	KUNSTSTOFFTYP
Injektionsharz	EP, UP, PAC, PMMA
Reparaturmörtel und Baukleber zementfrei	UP, EP, PAC, PMMA
Reparaturmörtel und Baukleber modifizierter Zementmörtel	D (PAC), EP
Fugendichtungsmassen	SI, PUR, EP, PUR/TEER, EP/TEER, PAC, SR, Bit/SR
Beschichtung zementfrei	D (PAC), PUR, EP, PUR/TEER, EP/TEER
Beschichtung zementhaltig	D (PAC), EP
Haftbrücke zementfrei	EP
Haftbrücke zementhaltig	D (PAC), EP

Tab. 2.12: Kunststoffe, die auf der Baustelle zum Endprodukt verarbeitet werden

Legende
Bit/SR...Bitumen kautschukmodifiziert
D...Dispersion
EP...Epoxy-System
EP/TEER...Epoxy-System mit Teer
PAC...Polyacrylat
PMMA...Polymethylmethacrylat
PUR...Polyurethan
PUR/TEER...Polyurethan mit Teer
SI...Silikon
UP...Ungesättigter Polyester

Analog zu den mineralisch-hydraulischen Werkstoffen, die ebenfalls größtenteils auf der Baustelle zum Produkt verarbeitet werden, interessieren bei diesen Kunststoffen nicht nur die Eigenschaften im Gebrauchszustand, sondern auch jene Eigenschaften der Vorprodukte, die der Anwender kennen muß, um eine einwandfreie Verarbeitung zu gewährleisten.

Die Eigenschaften können zwischen den einzelnen Kunststofftypen und auch innerhalb eines Typs in so weiten Grenzen variieren, daß es nicht sinnvoll scheint, an dieser Stelle materialspezifische Kennwerte anzugeben. So kann die Topfzeit (Verarbeitungszeit von Polyurethan-Systemen) zwischen wenigen Sekunden und einigen Stunden liegen.
Die nachstehende Tabelle zeigt, welche Kennwerte im konkreten Anwendungsfall zu beachten und von den Herstellern der Kunststoffe zu spezifizieren sind.

KLASSIFIZIERUNGSMERKMAL	KHD	FH	FHZ	VRKH
Chemische Gruppe des Kunststoffes	X	X	X	X
pH der Flüssigphase	X			
Festkörpergehalt (%) DIN 33 189	X	X		
Dichte (g/cm^3) DIN 51 757	X	X	X	X
Minimale Filmbildungstemperatur DIN 53 787	X			
Reißfestigkeit und Reißdehnung DIN 53 455	X			
Kennzeichnung des Härtersystems		X	X	X
Mischungsverhältnis der Einzelkomponenten		X	X	X
Gehalt an Lösungsmittel, Weichmacher, Steinkohlenteer (Gew.-%)		X	X	X
Viskosität bei verschiedenen Temperaturen +5°C-+25°C		X	X	X
Reaktivität, Temperaturminimum in der Zeiteinheit abhängig vom Volumen		X	X	X
Topfzeit		X	X	X
Volumenänderung nach der Polymerisation		X	X	X
Wärmebeständigkeit		X	X	X
Harzanspruch bei einer Konsistenz entsprechend K3 ÖNORM B 4200, 10.T. abhängig von der Temperatur			X	X
Kornaufbau GK 4mm, GK 8mm usw.			X	X
Temperaturentwicklung in der Zeiteinheit eines 8-l-Ansatz=Würfel mit 20mm Kantenlänge			X	X
Mindestverarbeitungstemperatur der Mörtel oder Betone			X	X

Tab. 2.13: Materialeigenschaften der ungehärteten Kunststoffe

Legende
KHD...Kunstharzdispersion
FH...Flüssigharze
FHZ...Flüssigharze mit Zuschlägen vor der Erhärtung
VRKH...Verschnitt-Reaktionskunstharz
wie Teer-Epoxid oder -Polyurethan

Die physikalischen Eigenschaften der Kunststoffe sind aus den angeschlossenen Datenblättern ersichtlich.

Bezüglich der chemischen Eigenschaften ist zu bemerken, daß die angeführten Kunststoffe gegen die in kommunalem Abwasser zu erwartenden sehr verdünnten Chemikalien grundsätzlich beständig sind (siehe Kanalverordnung). Sind höhere Konzentrationen oder aggressivere Chemikalien anzunehmen (Industrieabwässer), ist die Beständigkeit vom Hersteller zu erfragen oder für den Einzelfall zu prüfen. Bei Kombinationen mit hydraulischen Bindemitteln gelten im allgemeinen die für hydraulisch gebundene Baustoffe angegebenen Zusammenhänge zwischen der Beständigkeit und anderen Eigenschaften, wie der Wasserdurchlässigkeit; in der Regel wird jedoch eine Verbesserung durch die Kunststoffe erreicht, da diese die mit der Beständigkeit korrelierenden Eigenschaften positiv beeinflussen.
Zu beachten ist, daß nicht alle Kunststoffe mit allen klassischen Baumaterialien verträglich sind; es kann z.B. beim Kontakt von ungesättigten Polyestern mit Beton zu einem Abbau des Polyesters kommen. Dies gilt auch für Fugenmassen aus Polyurethan, sofern sie nicht aus einer für Beton geeigneten Rezeptur bestehen, sowie für Dispersionen auf der Basis von Polyvinylacetat.

2.2.2.2. DUROPLASTISCHE KUNSTSTOFFE

POLYMERBETON

Materialbeschreibung

Polymerbeton ist ein Werkstoff aus gewaschenem, feuergetrocknetem Quarzsand mit geringen Beimengungen von Feldspat. Dieser Zuschlagstoff wird mit 10% bis 15% Polyesterharz gebunden. Die einzelnen Komponenten werden gemischt und in Formen gegossen. Polyesterharz, ein Duroplast, und Quarzsand bestimmen die Eigenschaften des fertigen Produktes.

Eigenschaften

Physikalische Eigenschaften

Festigkeiten
Druckfestigkeit: $100N/mm^2$
Biegezugfestigkeit: $24N/mm^2$
E-Modul: $37000N/mm^2$.

Abriebverhalten nach Bauschinger: $10{,}0cm^3$ pro $50cm^2$.
Linearer Wärmeausdehnungskoeffizient im Temperaturbereich von 19° bis 80^oC: $33{,}5x10^{-6}/^oC$.
Temperaturbelastung bis 80^oC.
Temperaturwechselbeständig: ja.
Wasseraufnahme: unter 1%.
Rohdichte: $2{,}2kg/dm^3$.
Wandrauheit: Es liegen keine Messungen vor. Die Rauheit ist einer Kunststoffoberfläche gleichzusetzen.

Chemisches Verhalten

Richtwerte
Säurebeständigkeit bis pH 1 *
Laugenbeständigkeit bis pH 14 *
(* - im Grenzbereich vom Medium abhängig)
Gegen Benzin und Ölsäuren beständig, gegen Lösungsmittel mit Einschränkungen (abhängig von Konzentration).

Verarbeitungshinweise

Eine Verbindung mit Schwerbeton wird durch mechanische Verankerung und Sandstrahlen der Polymerbetonaußenflächen erreicht. Die Bearbeitung erfolgt mit Steinschneidescheiben und Steinbohrern. Eine Klebung ist mit Epoxydharzen möglich.

2.2.3. KERAMISCHE WERKSTOFFE

STEINZEUG

Historischer Überblick

Das Brennen keramischer Produkte gehört zu den ersten Erfindungen der Menschen.
Am Euphrat in Habuba Kariba-Süd wurden bereits im 4. Jahrtausend v. Chr. keramische Rohre zur Abwasserbeseitigung benützt. Die Verwendung von Tonrohren für die Zuführung von Frischwasser und Ableitung von Schmutzwasser läßt sich von allen hochstehenden Kulturen bis zu den Römern verfolgen. Die Tonrohre wurden bei Temperaturen um 900°C gebrannt.- In China ist Steinzeug schon vor der Zeitrechnung bekannt.
In Österreich wurde das älteste Steinzeugrohr 1743 in Wien für eine Frischwasserleitung mit 2bar Druck verlegt. Nach 130jähriger Nutzung und 220jähriger Erdlagerung sind die damals verlegten Frischwasserrohre noch immer funktionstüchtig. In Europa werden Abwasserrohre aus Steinzeug seit Beginn des 19. Jahrhunderts verwendet.

Materialbeschreibung

Steinzeugbauteile werden aus geeigneten Tonen mit Schamottezugabe (20 bis 30% Schamotte, Korngröße 0 bis 1,8mm) hergestellt und bei ca. 1200°C bis zur Sinterung gebrannt. Die Struktur des Werkstoffes unterliegt auf Dauer keiner Veränderung. Die keramische Glasur auf Steinzeugbauteilen ist dauerhaft auf das Grundmaterial aufgeschmolzen. Die Eigenschaften der Steinzeugbauteile, wie Dichtheit, chemische Beständigkeit gegen saure und basische Medien, sowie die Abriebbeständigkeit werden vom gesinterten Tonmaterial wie auch von der Glasur erbracht.

Eigenschaften

Physikalische Eigenschaften

Festigkeiten
Druckfestigkeit: 120N/mm^2
Biegezugfestigkeit: 12N/mm^2
E-Modul: 40000N/mm^2.

Abriebverhalten
Nach der Prüfmethode Prof. Kirschner bei 100.000 Lastspielen max. 0,3mm zwischen ursprünglicher und neuer Oberflächenkontur.

Temperaturverhalten
Linearer Wärmeausdehnungskoeffizient von -40^{0} bis $+50^{0}$C: $44 \times 10^{-7}/^{0}$C.
Wärmeleitzahl: 1,2W/mK.
Temperaturbelastbarkeit: über 100^{0}C.
Temperaturwechselbeständigkeit: ca. 80^{0}C.

Wasseraufnahme: unter 5%.
Härte nach Mohs: 7,5 bis 8.
Rohdichte: 2,20kg/dm^3.
Wandrauheit: abs. Rauhigkeitsfaktor nach Prandtl/Colebrook max. 0,25mm.

Chemisches Verhalten

Steinzeug ist gegen alle Medien mit Ausnahme von Flußsäure chemisch beständig.

Prüfverfahren

In der ÖNORM B 5037 sind die Anforderungen und Prüfungen für Steinzeugrohre und Formstücke festgelegt. Prüfverfahren existieren für Wasserdichtheit, Scheiteldruckbruchkraft, Säurebeständigkeit, Abriebwiderstand und Rohrverbindungen.

Verarbeitungshinweise

Die Verbindung mit Schwerbeton ist mit unglasiertem Steinzeug oder mit glasierter, aufgerauhter (gezahnter) Oberfläche zu erreichen. Die Bearbeitung von Steinzeug erfolgt mit Trennscheiben und Bohrern. Eine Klebung ist mit Epoxydharzen möglich.

Nutzungsdauer

Aufgrund der hervorragenden Eigenschaften haben Steinzeugrohre eine hohe Nutzungsdauer. In der Praxis können Kanäle mit 110jähriger Nutzungsdauer nachgewiesen werden, wobei die Rohre noch immer in neuwertigem Zustand sind. Die fundierte praktische Erfahrung in bezug auf Steinzeugrohre läßt eine Garantie auf 100 Jahre Nutzungsdauer im Ortskanal zu.

Anwendungsbereich

Steinzeugrohre werden vorwiegend zur Schmutzwasserabführung bei der Grundstücksentwässerung und im Ortskanal eingesetzt. Steinzeug ist besonders für vorbelastete chemische Industrieabwässer geeignet.
Gelochte Steinzeugrohre kommen auch zum Sammeln und Ableiten von Deponiesickerwässern zur Anwendung. Spezialrohre von DN 150 bis DN 800 werden für den Rohrvortrieb produziert.

2.2.4. METALLISCHE WERKSTOFFE

DUKTILES GUSSEISEN

Im internationalen Sprachgebrauch wird der Begriff "duktiles Gußeisen" als Synonym für Gußeisen mit Kugelgraphit bei Schleudergußrohren verwendet.
Duktiles Gußeisen ist ein Eisen - Kohlenstoff - Gußwerkstoff, dessen Kohlenstoffanteil überwiegend frei in Form von Graphitkugeln vorliegt. Das Grundgefüge ist vorwiegend ferritisch; daraus resultiert die hohe Verformbarkeit duktiler Gußrohre.
Kurzbezeichnung laut DIN für duktiles Gußeisen: GGG (Grauguß GG, Temperguß GT, Stahlguß GS) (Abb. 2.4, Abb. 2.5).

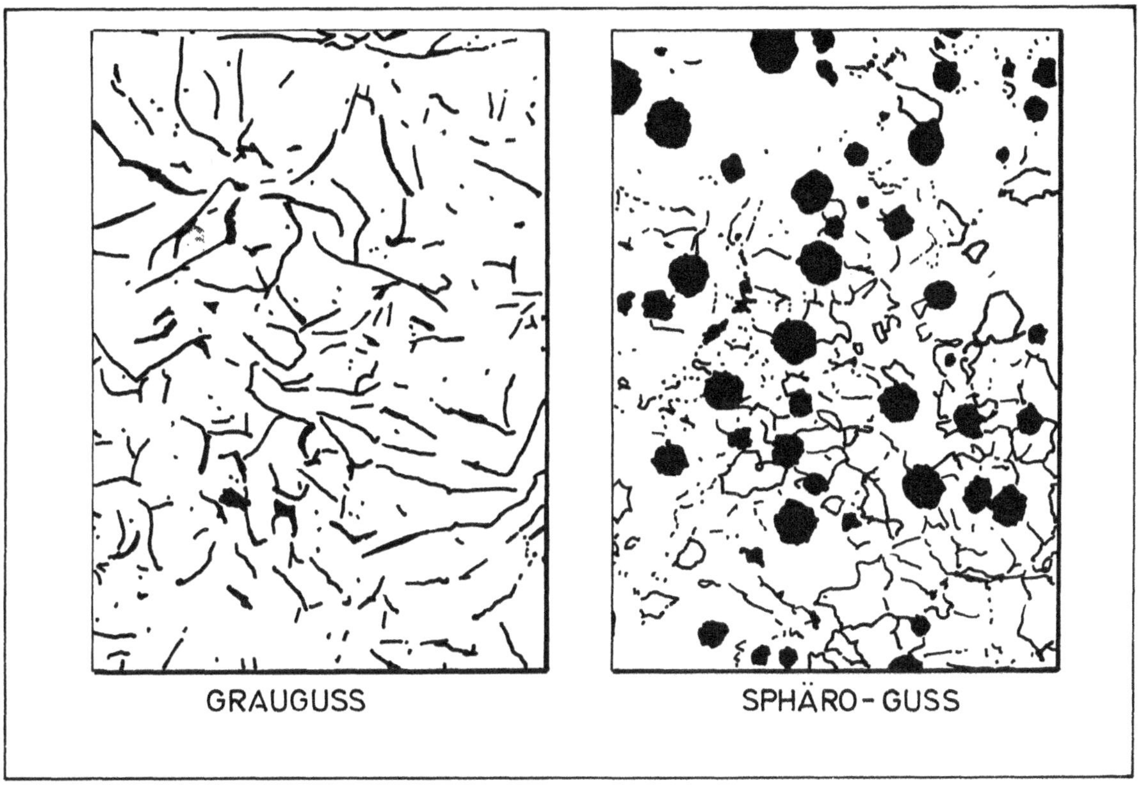

Abb. 2.4: Schematische Darstellung des Mikrogefüges von Gußeisen bei etwa 500facher Vergrößerung
links: Grauguß mit lamellarem Graphit
rechts: duktiles Schleudergußrohr (Kugelgraphit in ferritischer Grundmasse)

GG		GGG	
200	ZUGFESTIGKEIT	400	(N/mm^2)
–	STRECKGRENZE	300	(N/mm^2)
900	DRUCKFESTIGKEIT	900	(N/mm^2)
–	DEHNUNG	10 - 20	(%)
90	E-MODUL	170	(10^3 N/mm^2)
+	GUTE KORROSIONS-BESTÄNDIGKEIT	+	
+	SCHEITELFESTIGKEIT	++	
–	DUKTILITÄT	++	
+	BERSTFESTIGKEIT	++	
–	SCHWEISSBARKEIT	BEDINGT	

Abb. 2.5: Einfluß der Graphitform auf Kraftlinienverlauf und mechanische Eigenschaften

Entwicklungsgeschichte

In den Jahren 1940 bis 1950 arbeiteten zahlreiche Forschungsgruppen an der Entwicklung von Gußeisen mit Kugelgraphit; 1949 erhielt die Int. Nickel Co. die entscheidenden Patente. Trotz vielfältiger Bemühungen gelang es nicht, diese Patente zu umgehen. Den Durchbruch fand der neue Werkstoff Ende der 50er Jahre unter der markenrechtlich geschützten Bezeichnung "Sphäro-Guß"; er hat seither den Grauguß aus vielen Anwendungsbereichen verdrängt. Anfang der 60er Jahre begann der Einsatz des Gußeisens mit Kugelgraphit in der Druckrohr- und Formstückfertigung. Seit dem Ende der 60er Jahre stellte man die Produktion von Schleudergußrohren schrittweise von Grauguß auf den neuen Werkstoff um. Seit dieser Zeit kommt für diesen Produktionsbereich nur mehr Gußeisen mit Kugelgraphit zur Anwendung.

Ausgangsstoffe

Duktiles Gußeisen wird durch Erschmelzen von Stahlschrott - dies ist umweltpolitisch bedeutsam - sowie geringen Anteilen an Roheisen bzw. Kreislaufmaterial hergestellt. Als Energieträger einerseits, zur Anhebung des Kohlenstoffgehaltes im Flüssigeisen andererseits setzt man Koks ein; einige weitere Zusatzstoffe, wie Siliziumkarbid und Kalk, dienen der genaueren Einstellung der Gußeisenanalyse bzw. der Einstellung der günstigsten Schlackenbeschaffenheit im jeweiligen Schmelzaggregat.

Herstellung

Das meist im Heißwindkupolofen erschmolzene Ausgangseisen wird bei Temperaturen von etwa 1500°C mit Reinmagnesium oder einer Magnesiumlegierung behandelt, wobei das meiste Magnesium durch den in der Schmelze befindlichen Sauerstoff bzw. Schwefel gebunden und als Magnesiumdioxid - bzw. Magnesiumsulfidschlacke abgezogen wird. Der im Eisen verbleibende Restmagnesiumgehalt von etwa 0,03 bis 0,05% ist für die kugelige Graphitausbildung im duktilen Gußeisen verantwortlich.

Das mit Magnesium behandelte flüssige Eisen wird bei etwa 1450°C in eine wassergekühlte rotierende Stahlkokille vergossen. Die Umdrehungszahl der Kokille wird so gewählt, daß eine Zentrifugalkraft von 15 bis 20g ($g=9{,}81 m/sec^2$) auf das flüssige Eisen einwirkt.

Durch die Zentrifugalkraft und die gerichtete Erstarrung der Rohrwand von der Kokillenseite zur Rohrinnenseite bildet sich ein besonders dichtes Gefüge aus. Infolge der Abkühlungsgeschwindigkeit und der bei der Verfestigung auftretenden Volumenverminderung des flüssigen Eisens löst sich das Rohr von der Kokillenwand und kann zur Muffenseite aus der Kokille gezogen werden. Zur Erzielung des gewünschten Grundgefüges unterzieht man sämtliche Rohre einer ferritisierenden Wärmebehandlung bei Temperaturen bis 950°C.

Die Erzeugung von Formstücken aus duktilem Gußeisen erfolgt hauptsächlich im Sandgußverfahren, wobei die Analyse des Ausgangseisens annähernd die gleiche ist wie jene der duktilen Schleudergußrohre.

Physikalische Eigenschaften

Die wesentlichen Werkstoffeigenschaften wurden hinsichtlich ihrer Bedeutung in dem angeschlossenen Datenblatt zusammengestellt; die angeführten Kennwerte sind Richtwerte nach Erzeugerangaben oder vom Erzeuger garantierte Mindestwerte (Abb. 2.6).

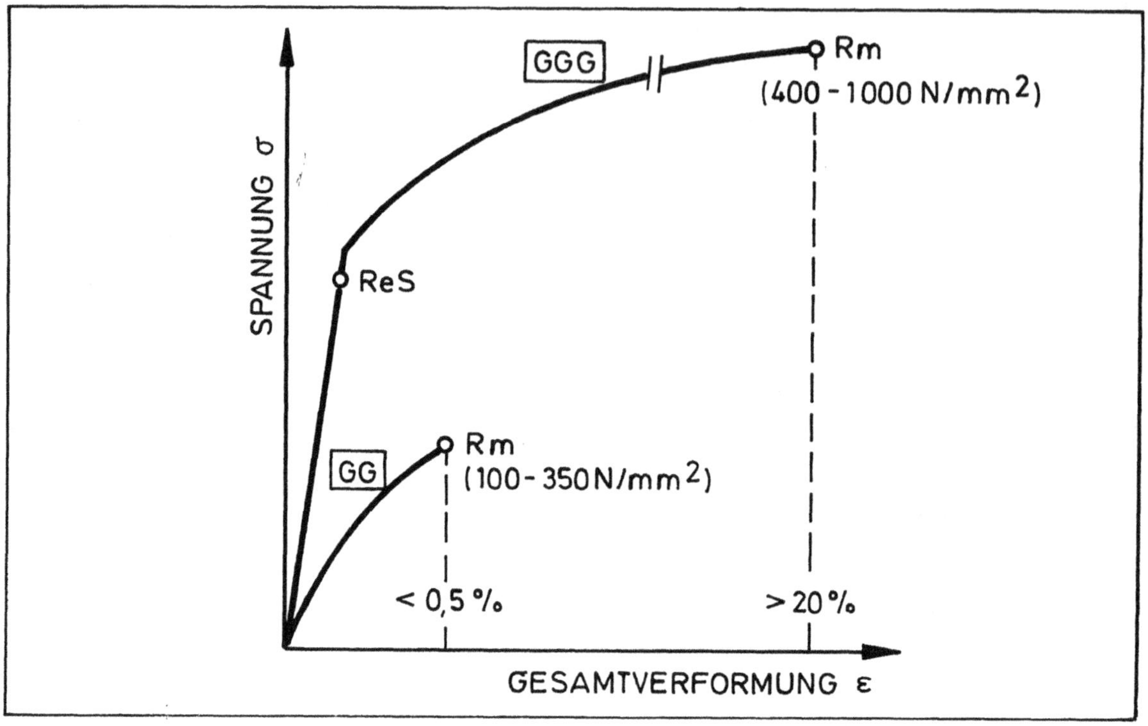

Abb. 2.6: Schematische Darstellung der Spannungs-Dehnungs-Linien von Gußeisen

Korrosionsschutz

Alle im folgenden genannten Oberflächenschutzsysteme sind normiert; die genauen Titel finden sich im anschließenden Abschnitt "Normen".

Äußerer Oberflächenschutz
Duktile Gußrohre im Abwasserbereich werden außen generell mit einem Zinküberzug mit Deckbeschichtung versehen. Für besonders aggressive Böden (Böden der Bodenklasse III gemäß DIN 50929, Teil 3) werden geeignete Sonderschutzmaßnahmen angeboten.

Innerer Oberflächenschutz
Rohre aus duktilem Gußeisen sind gegenüber normalen Abwässern chemisch beständig. Bei aggressiven Abwässern, z.B. bei gewissen Industrieabwässern oder Abwässern mit pH-Werten < 6, ist eine ausreichende Beständigkeit des ungeschützten Rohrmaterials nicht in vollem Umfang gegeben. Da derartige Belastungen des Abwassers speziell für die Zukunft nicht von vornherein auszuschließen sind, werden duktile Gußrohre für den Abwasserbereich innen mit einer Zweikomponenten-Teerepoxidbeschichtung ausgekleidet. Die Beschichtung ist gegenüber den Inhaltsstoffen im Abwasser chemisch beständig; als Rahmen sei die Beständigkeit dieser Beschichtung gegenüber 100%iger Salzsäure, 50%iger Natronlauge, Heizöl und Speisefett angegeben.
Duktile Gußrohre für den Abwasserbereich können auch mit einer aufgeschleuderten Zementmörtelinnenbeschichtung geliefert werden.
Bei Teerepoxid-Innenbeschichtung ist für die absolute Wandrauhigkeit 0,01mm einzusetzen (Prandtl/Colebrook). Der Verschleißwiderstand ist ausreichend für Fließgeschwindigkeiten unter 6m/sec bei normaler Geschiebefracht in Ortskanalanlagen.
Eine Gefährdung von duktilem Gußeisen durch biologische Angriffe kann ausgeschlossen werden.

Statik

Normgemäß können duktile Kanalrohre ohne zusätzlichen Belastungsnachweis bei Überdekkungshöhen von 0,6 bis 8m und einer Verkehrsbelastung durch einen 25t-LKW laut Brückenklasse I, ÖNORM B 4002, bzw. SWL-60 nach DIN 1072 verwendet werden. Da sämtliche Kanalrohre werkseitig einer Wasserdruckprüfung bis 60bar unterzogen werden, sind diese Rohre für Druckkanalleitungen mit Betriebsdrücken bis 40bar einzusetzen.

Güteschutz

Art und Umfang der Gütesicherung mit Eigenüberwachung und 2x jährlich durchzuführender Fremdüberwachung sind in den einschlägigen Normen bzw. Gütevorschriften, z.B. "Spezielle Gütevorschriften für Kanalrohre und Formstücke aus duktilem Gußeisen" des GRIS, festgelegt.

Normen

ÖNORM B 2501: Entwässerungsanlagen für Gebäude und Grundstücke; Bestimmungen für Planung und Ausführung.

ÖNORM B 2503: Ortskanalanlagen (Straßenkanäle); Richtlinien für die Ausführung.

ÖNORM B 2555: Umhüllung von Rohren aus Gußeisen; Zinküberzüge mit Deckbeschichtung.

ÖNORM B 2556: Umhüllung von Rohrleitungen aus Gußeisen; Polyethylen-Umhüllungen.

ÖNORM B 2557: Umhüllung von Rohren aus Gußeisen; Beschichtungen mit Bitumenlösungen.

ÖNORM B 2590: Rohre und Formstücke aus duktilem Gußeisen; Technische Lieferbedingungen.

ÖNORM B 2591: Druckrohre und Formstücke aus duktilem Gußeisen für Gas- und Wasserleitungen; Formen, Abmessungen, Gütesicherung.

ÖNORM B 2595: Kanalrohre und Formstücke aus duktilem Gußeisen (K); Formen, Abmessungen, Gütesicherung.

ÖNORM ISO 4179: Rohre aus duktilem Gußeisen für Druckrohrleitungen; aufgeschleuderte Zementmörtel-Auskleidungen; allgemeine Anforderungen.

ÖNORM M 3193, Teil 1: Gußeisen mit Kugelgraphit (Sphärolithisches Gußeisen); unlegiert und niedriglegiert.

DIN 1693 Bl. 1: Gußeisen mit Kugelgraphit; Werkstoffsorten; unlegiert und niedriglegiert.

DIN 4060, Teil 1: Dichtringe aus Elastomeren für Rohrverbindungen in Entwässerungskanälen und -leitungen; kreisförmige oder ähnliche Wirkungsquerschnitte, Anforderungen, Prüfungen, Bemessungen.

DIN 19690: Technische Lieferbedingungen für Rohre und Formstücke aus duktilem Gußeisen für Entwässerungskanäle und -leitungen.

DIN 50929, Teil 3: Korrosion der Metalle, Korrosionswahrscheinlichkeit metallischer Werkstoffe bei äußerer Korrosionsbelastung; Abschätzung und Hinweise auf Schutzmaßnahmen, Rohrleitungen, Behälter und Bauteile außerhalb von Gebäuden.

BGBl. Nr. 86/1985: Lebensmittelgesetz.

WERKSTOFFDATENBLATT/REPARATURMÖRTEL, BAUKLEBER

	Bedeutung			Kennwerte bzw. Bereiche	Prüfverfahren		
	groß	fallweise	keine		ÖNORM	DIN	Sonstige
Festigkeitseigenschaften							
Druckfestigkeit: Kurzzeitfestigkeit		×					
Dauerstandfestigkeit							
Schlagfestigkeit							
Biegezugfestigkeit	×						
Spaltzugfestigkeit			×				
Axiale Zugfestigkeit			×				
Schubfestigkeit	×						
Haftfestigkeit	×						
Härte			×				
Abriebfestigkeit		×					
Dauerschwing- und -schwellfestigkeit			×				
Verformungseigenschaften							
E-Modul (stat., dynam.)	×						
Spannungs-Dehnungs-Linie (SDL)			×				
Streck-, Proportionalitätsgrenze			×				
Querdehnzahl			×				
Kriechen und Relaxation		×					
Schwinden und Quellen	×						
Thermische Eigenschaften							
Wärmeleitfähigkeit		×					
Temperaturausdehnungskoeffizient	×						
Temperaturbeständigkeit			×				
Temperaturwechselbeständigkeit			×				
Verhalten gegenüber Flüssigkeiten und Gasen							
Wasserdampfdiffusionswiderstandsfaktor	×						
Wasseraufnahme			×				
Wasserundurchlässigkeit	×						
Gasdurchlässigkeit		×					
rel. Rauhigkeit			×				
Sonstige Eigenschaften							
Rohdichte, Reindichte			×				
Hohlraumgehalt	×						
Frostwiderstandsfähigkeit		×					
Rutschsicherheit		×					

WERKSTOFFDATENBLATT/ASBESTZEMENT

	Bedeutung			Kennwerte bzw. Bereiche	Prüfverfahren		
	groß	fallweise	keine		ÖNORM	DIN	Sonstige
Festigkeitseigenschaften							
Druckfestigkeit: Kurzzeitfestigkeit Dauerstandfestigkeit Schlagfestigkeit Biegezugfestigkeit Spaltzugfestigkeit Axiale Zugfestigkeit Schubfestigkeit Haftfestigkeit Härte Abriebfestigkeit Dauerschwing- und -schwellfestigkeit				Längsbiegezugfestigkeit 20 N/mm² Ringbiegezugfestigkeit 45—55 N/mm² $\tau = 20$ N/mm² bei üblicher Geschiebefracht bis 8 m/s $\sigma_{SCH} = 20{,}6$ N/mm² Ringzug / Ringbiegezug 33,1 N/mm²	B 5062, B 5060	19800, 19850	Hünerberg-Tessendorf Handbuch für Asbest-zement-rohre, Springer
Verformungseigenschaften							
E-Modul (stat., dynam.) Spannungs-Dehnungs-Linie (SDL) Streck-, Proportionalitätsgrenze Querdehnzahl Kriechen und Relaxation Schwinden und Quellen				25 000 N/mm² im Gebrauchsbereich proportional (~ ⅔ der Endfestigkeit) Poisson'sche Zahl i. M. 5,0—6,0 Längenzunahme beim Quellen: 0,87—1,13‰ (bei Raumfeuchte zu wassergesättigtem Zustand)			
Thermische Eigenschaften							
Wärmeleitfähigkeit Temperaturausdehnungskoeffizient Temperaturbeständigkeit Temperaturwechselbeständigkeit				$\lambda = 0{,}676 \pm 3\%$ W $\alpha_r = 16{,}7 \cdot 10^{-6}$ 1/K; $\alpha_l = 12{,}5 \cdot 10^{-6}$ 1/K keine Schädigung des Gefüges auch bei wiederholten Temperatur-Differenzen von 70 K keine Risse oder Sprünge auch bei schroffen Temperaturwechseln			
Verhalten gegenüber Flüssigkeiten und Gasen							
Wasserdampfdiffusionswiderstandsfaktor Wasseraufnahme Wasserundurchlässigkeit Gasdurchlässigkeit rel. Rauhigkeit				$\mu_R = 20$—50 15,7% v. Trockengewicht bei gesättigtem AZ-Rohr praktisch keine Durchlässigkeit 0,24 l/h je 100 m Leitung DN 100 $K_B = 0{,}025$ mm			
Sonstige Eigenschaften							
Rohdichte, Reindichte Hohlraumgehalt Frostwiderstandsfähigkeit Rutschsicherheit				$\gamma_r = 18{,}5$ N/dm³ 10 Vol.-% Festigkeitssteigerung (Ringbiegezug) etwa 59% bei 7 Tage Wasserlagerung und —60 °C gefrorenen Proben			

WERKSTOFFDATENBLATT/STAHLFASERBETON

	Bedeutung			Kennwerte bzw. Bereiche	Prüfverfahren		
	groß	fallweise	keine		ÖNORM	DIN	Sonstige
Festigkeitseigenschaften				(Vergleich zum unbewehrten Grundbeton)			
Druckfestigkeit: Kurzzeitfestigkeit		×		geringe Erhöhung, ~ bis B 800	B 5073 (in Vorbereitung) Stahlfaserbetonrohre, Formen und Abmessungen, Herstellungs- und Gütebestimmungen; Prüfungen.		GRIS Spezielle Gütevorschrift für Stahlfaserbetonrohre, Fassung vom 1. 8. 1985
Dauerstandfestigkeit	×						
Schlagfestigkeit	×						
Biegezugfestigkeit	×			σ_{BZ}: bis ~ 14 N/mm² (Steigerung bis 200%) *)			
Spaltzugfestigkeit		×		σ_{SPZ}: bis ~ 8 N/mm² (Steigerung bis 200%) *)			
Axiale Zugfestigkeit	×			σ_{Z}: bis ~ 5 N/mm² (Steigerung bis ~ 50%)			
Schubfestigkeit		×					
Haftfestigkeit							
Härte							
Abriebfestigkeit	×						
Dauerschwing- und -schwellfestigkeit		×		*) Starke Abhängigkeit von Fasergehalt und Fasergeometrie!			
Verformungseigenschaften							
E-Modul (stat., dynam.)		×			siehe oben		siehe oben
Spannungs-Dehnungs-Linie (SDL)	×						
Streck-, Proportionalitätsgrenze				geringe Erhöhung, ~ 40%. Erhöhung im Zustand II, durch Stahlfaserzugabe (→ „Rißbremse“)			
Querdehnzahl							
Kriechen und Relaxation		×					
Schwinden		×					
Thermische Eigenschaften							
Wärmeleitfähigkeit		×		$\alpha_T \cong 10^{-5}$/°C	siehe oben		siehe oben
Temperaturausdehnungskoeffizient		×					
Temperaturbeständigkeit	×						
Temperaturwechselbeständigkeit		×					
Verhalten gegenüber Flüssigkeiten und Gasen							
Wasserdampfdiffusionswiderstandsfaktor				wie Beton	siehe oben		siehe oben
Wasseraufnahme							
Wasserundurchlässigkeit		×					
Gasdurchlässigkeit		×					
rel. Rauhigkeit							
Sonstige Eigenschaften							
Rohdichte, Reindichte				2,45 ÷ 2,50 g/cm³	siehe oben		siehe oben
Hohlraumgehalt				wie Beton			
Frostwiderstandsfähigkeit		×		wie Beton			
Rutschsicherheit				wie Beton			

WERKSTOFFDATENBLATT/BESCHICHTUNGEN

	Bedeutung			Kennwerte bzw. Bereiche	Prüfverfahren		
	groß	fallweise	keine		ÖNORM	DIN	Sonstige
Festigkeitseigenschaften							
Druckfestigkeit: Kurzzeitfestigkeit			×				
Dauerstandfestigkeit			×				
Schlagfestigkeit		×					
Biegezugfestigkeit			×				
Spaltzugfestigkeit			×				
Axiale Zugfestigkeit		×					
Schubfestigkeit	×						
Haftfestigkeit	×						
Härte	×						
Abriebfestigkeit	×						
Dauerschwing- und -schwellfestigkeit							
Verformungseigenschaften							
E-Modul (stat., dynam.)	×						
Spannungs-Dehnungs-Linie (SDL)	×						
Streck-, Proportionalitätsgrenze			×				
Querdehnzahl			×				
Kriechen und Relaxation		×					
Schwinden und Quellen			×				
Thermische Eigenschaften							
Wärmeleitfähigkeit							
Temperaturausdehnungskoeffizient	×						
Temperaturbeständigkeit	×						
Temperaturwechselbeständigkeit							
Verhalten gegenüber Flüssigkeiten und Gasen							
Wasserdampfdiffusionswiderstandsfaktor	×						
Wasseraufnahme	×						
Wasserundurchlässigkeit	×						
Gasdurchlässigkeit		×					
rel. Rauhigkeit	×						
Sonstige Eigenschaften							
Rohdichte, Reindichte			×				
Hohlraumgehalt	×						
Frostwiderstandsfähigkeit		×					
Rutschsicherheit	×						

WERKSTOFFDATENBLATT/INJEKTIONSHARZE

	Bedeutung			Kennwerte bzw. Bereiche	Prüfverfahren		
	groß	fallweise	keine		ÖNORM	DIN	Sonstige
Festigkeitseigenschaften							
Druckfestigkeit: Kurzzeitfestigkeit			×				
Dauerstandfestigkeit			×				
Schlagfestigkeit			×				
Biegezugfestigkeit			×				
Spaltzugfestigkeit			×				
Axiale Zugfestigkeit			×				
Schubfestigkeit		×					
Haftfestigkeit	×					53505	
Härte	×		×				
Abriebfestigkeit			×				
Dauerschwing- und -schwellfestigkeit			×				
Verformungseigenschaften							
E-Modul (stat., dynam.)	×						
Spannungs-Dehnungs-Linie (SDL)		×					
Streck-, Proportionalitätsgrenze			×				
Querdehnzahl			×				
Kriechen und Relaxation		×					
Schwinden und Quellen	×						
Thermische Eigenschaften							
Wärmeleitfähigkeit			×				
Temperaturausdehnungskoeffizient	×	×					
Temperaturbeständigkeit			×				
Temperaturwechselbeständigkeit			×				
Verhalten gegenüber Flüssigkeiten und Gasen							
Wasserdampfdiffusionswiderstandsfaktor			×				
Wasseraufnahme	×	×					
Wasserundurchlässigkeit	×						
Gasdurchlässigkeit		×					
rel. Rauhigkeit			×				
Sonstige Eigenschaften							
Rohdichte, Reindichte	×		×				
Hohlraumgehalt	×						
Frostwiderstandsfähigkeit			×				
Rutschsicherheit			×				

WERKSTOFFDATENBLATT/FUGENDICHTUNGSMASSEN

	Bedeutung			Kennwerte bzw. Bereiche	Prüfverfahren		
	groß	fallweise	keine		ÖNORM	DIN	Sonstige
Festigkeitseigenschaften							
Druckfestigkeit: Kurzzeitfestigkeit						18540	
Dauerstandfestigkeit							
Schlagfestigkeit							
Biegezugfestigkeit							
Spaltzugfestigkeit							
Axiale Zugfestigkeit	×						
Schubfestigkeit							
Haftfestigkeit	×					52455	
Härte	×					53505	
Abriebfestigkeit		×					
Dauerschwing- und -schwellfestigkeit							
Verformungseigenschaften							
E-Modul (stat., dynam.)							
Spannungs-Dehnungs-Linie (SDL)	×					52455	
Streck-, Proportionalitätsgrenze							
Querdehnzahl							
Kriechen und Relaxation							
Schwinden und Quellen	×						
Thermische Eigenschaften							
Wärmeleitfähigkeit							
Temperaturausdehnungskoeffizient							
Temperaturbeständigkeit	×						
Temperaturwechselbeständigkeit	×					52455	
Verhalten gegenüber Flüssigkeiten und Gasen							
Wasserdampfdiffusionswiderstandsfaktor	×						
Wasseraufnahme	×						
Wasserundurchlässigkeit							
Gasdurchlässigkeit							
rel. Rauhigkeit							
Sonstige Eigenschaften							
Rohdichte, Reindichte	×						
Hohlraumgehalt							
Frostwiderstandsfähigkeit							
Rutschsicherheit							

WERKSTOFFDATENBLATT/HAFTBRÜCKEN

	Bedeutung			Kennwerte bzw. Bereiche	Prüfverfahren		
	groß	fallweise	keine		ÖNORM	DIN	Sonstige
Festigkeitseigenschaften							
Druckfestigkeit: Kurzzeitfestigkeit	×						
Dauerstandfestigkeit							
Schlagfestigkeit							
Biegezugfestigkeit	×						
Spaltzugfestigkeit			×				
Axiale Zugfestigkeit			×				
Schubfestigkeit	×						
Haftfestigkeit	×						
Härte			×				
Abriebfestigkeit			×				
Dauerschwing- und -schwellfestigkeit			×				
Verformungseigenschaften							
E-Modul (stat., dynam.)	×						
Spannungs-Dehnungs-Linie (SDL)			×				
Streck-, Proportionalitätsgrenze			×				
Querdehnzahl			×				
Kriechen und Relaxation			×				
Schwinden und Quellen			×				
Thermische Eigenschaften							
Wärmeleitfähigkeit			×				
Temperaturausdehnungskoeffizient		×					
Temperaturbeständigkeit			×				
Temperaturwechselbeständigkeit			×				
Verhalten gegenüber Flüssigkeiten und Gasen							
Wasserdampfdiffusionswiderstandsfaktor		×					
Wasseraufnahme		×					
Wasserundurchlässigkeit			×				
Gasdurchlässigkeit			×				
rel. Rauhigkeit			×				
Sonstige Eigenschaften							
Rohdichte, Reindichte			×				
Hohlraumgehalt			×				
Frostwiderstandsfähigkeit			×				
Rutschsicherheit			×				

WERKSTOFFDATENBLATT/POLYMERBETON

	Bedeutung			Kennwerte bzw. Bereiche	Prüfverfahren		
	groß	fallweise	keine		ÖNORM	DIN	Sonstige
Festigkeitseigenschaften							
Druckfestigkeit: Kurzzeitfestigkeit		×		100 N/mm^2			Würfel mit 12 cm Länge
Dauerstandfestigkeit			×				
Schlagfestigkeit		×					
Biegezugfestigkeit	×			20 N/mm^2			Prismen 120×35××17 mm
Spaltzugfestigkeit			×				
Axiale Zugfestigkeit			×				
Schubfestigkeit			×				
Haftfestigkeit			×				
Härte	×						
Abriebfestigkeit	×			10 cm^3 / 50 cm^2	B 3126, Teil 2		trocken
Dauerschwing- und -schwellfestigkeit			×				
Verformungseigenschaften							
E-Modul (stat., dynam.)		×		2000 kN/cm^2		53487	
Spannungs-Dehnungs-Linie (SDL)							
Streck-, Proportionalitätsgrenze							
Querdehnzahl							
Kriechen und Relaxation							
Schwinden und Quellen							
Thermische Eigenschaften							
Wärmeleitfähigkeit			×				
Temperaturausdehnungskoeffizient		×		von 19 bis 38 °C; 21 · 10^{-6} pro °K			
Temperaturbeständigkeit		×		bis 80 °C			
Temperaturwechselbeständigkeit		×		von −10 bis 80 °C gegeben			
Verhalten gegenüber Flüssigkeiten und Gasen							
Wasserdampfdiffusionswiderstandsfaktor			×				
Wasseraufnahme		×		0,9 Gew.-%			
Wasserundurchlässigkeit	×			0			
Gasdurchlässigkeit			×				
rel. Rauhigkeit	×			nach Prandtl-Coolebrook; K = 0,25 mm			
Sonstige Eigenschaften							
Rohdichte, Reindichte	×			2,2 kg/dm^3			
Hohlraumgehalt			×				
Frostwiderstandsfähigkeit	×			gegeben	B 3306		
Rutschsicherheit		×		naß gering			

WERKSTOFFDATENBLATT/STEINZEUG

	Bedeutung			Kennwerte bzw. Bereiche	Prüfverfahren		
	groß	fallweise	keine		ÖNORM	DIN	Sonstige
Festigkeitseigenschaften							
Druckfestigkeit: Kurzzeitfestigkeit		×		120 kN/mm²			
Dauerstandfestigkeit		×					
Schlagfestigkeit			×				
Biegezugfestigkeit	×			13 bis 19 kN/mm²	B 5037		
Spaltzugfestigkeit			×				
Axiale Zugfestigkeit			×				
Schubfestigkeit		×					
Haftfestigkeit			×				
Härte		×		nach Mohs 7,5—8			
Abriebfestigkeit		×			B 5037		
Dauerschwing- und -schwellfestigkeit			×				
Verformungseigenschaften							
E-Modul (stat., dynam.)	×			Ringrichtung E = 40 000 N/mm²			
Spannungs-Dehnungs-Linie (SDL)			×				
Streck-, Proportionalitätsgrenze			×				
Querdehnzahl			×				
Kriechen und Relaxation			×				
Schwinden und Quellen			×				
Thermische Eigenschaften							
Wärmeleitfähigkeit		×		1,2 W/mK			
Temperaturausdehnungskoeffizient		×		$44 \cdot 10^{-7}$			
Temperaturbeständigkeit		×		bis 300 °C			
Temperaturwechselbeständigkeit		×		begrenzt			
Verhalten gegenüber Flüssigkeiten und Gasen							
Wasserdampfdiffusionswiderstandsfaktor			×				
Wasseraufnahme		×		~ 4%			
Wasserundurchlässigkeit	×				B 5037		
Gasdurchlässigkeit	×				B 2503		
rel. Rauhigkeit	×			Prandtl-Coolebrook; K = 0,25 mm			
Sonstige Eigenschaften							
Rohdichte, Reindichte		×		2,20 kg/dm³			
Hohlraumgehalt							
Frostwiderstandsfähigkeit		×		sehr gut			
Rutschsicherheit		×		gering			

WERKSTOFFDATENBLATT/DUKTILES GUSSEISEN

	Bedeutung			Kennwerte bzw. Bereiche	Prüfverfahren		
	groß	fallweise	keine		ÖNORM	DIN	Sonstige
Festigkeitseigenschaften							
Druckfestigkeit: Kurzzeitfestigkeit		×		900 N/mm²		50106	
Dauerstandfestigkeit			×				
Schlagfestigkeit			×				
Biegezugfestigkeit	×			mind. 550 N/mm²		28600	
Spaltzugfestigkeit			×				
Axiale Zugfestigkeit	×			mind. 420 N/mm²		50145	
Schubfestigkeit			×				
Kerbschlagarbeit			×	12—14 J (i. M. bei —20 °C)		1693 Bl. 1, 50115	
Härte		×		max. 230 HB		50351	
Abriebfestigkeit			×				
Dauerschwing- und -schwellfestigkeit			×				
Verformungseigenschaften							
E-Modul	×			170 000 N/mm²		50145	
Bruchdehnung	×			mind. 10%			
Streckgrenze	×			mind. 300 N/mm²		50145	
Querdehnzahl			×				
Kriechen und Relaxation			×				
Schwinden und Quellen			×				
Thermische Eigenschaften							
Wärmeleitfähigkeit		×		42—25 W/mK (bei 20 bis 400 °C)			
Temperaturausdehnungskoeffizient	×			$(10—13) \cdot 10^{-6}$ m/mK			
Temperaturbeständigkeit			×				
Temperaturwechselbeständigkeit			×				
Verhalten gegenüber Flüssigkeiten und Gasen							
Wasserdampfdiffusionswiderstandsfaktor			×	∞			
Wasseraufnahme			×	0			
Wasserundurchlässigkeit			×	gegeben			
Gasdurchlässigkeit			×	0			
rel. Rauhigkeit	×			0,01 mm (Prandtl-Colebrook)			
Sonstige Eigenschaften							
Rohdichte, Reindichte		×		7,05 g/cm³			
Hohlraumgehalt			×				
Frostwiderstandsfähigkeit			×				
Rutschsicherheit			×				

LITERATUR

2/1 *AC-Tiefbau, H. 15.*
Zürich: Karl Krämer & Co.

2/2 *Betonbauwerke in Abwasseranlagen.*
(= Schriftenreihe der Bauberatung Zement. Bundesverband der Deutschen Zementindustrie, Köln, 1984.)

2/3 *Bölcskey, E. u. Königseder, F.: Beitrag zur Untersuchung des dynamischen Langzeitverhaltens an Stahlfaserbetonrohren.*
In: ÖIAZ, 131. Jg., H. 2 (1986), S. 71-73.

2/4 *Bundes-Gesundheitsamt: bga-Bericht 4/1981.*
Berlin: Dietrich Reimer, 1981.

2/5 *Edgington, J.: Steel Fibre Reinforced Concrete Final Report.*
Construction Materials Research Group, University of Surrey.

2/6 *Eternit-Werke: Langzeiterfahrungen mit Eternit-Kanalrohren: Klagloser Betrieb - sauberes Wasser.*
In: Eternit-Information Tiefbau 2/85, Eternit-Werke Ludwig Hatschek AG, A-2351 Wiener Neudorf.

2/7 *Eternit-Werke, Hrsg.: Eternit-Kanalrohre. (Prospekt.)*
Wiener Neudorf: Eternit-Werke Ludwig Hatschek AG.

2/8 *Fachgemeinschaft Gußeiserne Rohre: Handbuch "Gußrohrtechnik".*

2/9 *Grube, H. u. Rechenberg, W.: Betonabtrag durch chemisch angreifende, saure Wasser.*
In: Beton (1987), S. 446-451 sowie S. 495-498.

2/10 *Hannant, D.-J.: Fibre Cements and Fibre Concretes. A Wiley-Interscience publication.*
Chichester, New York u. Brisbane: J. Wiley & Sons, 1978.

2/11 *Hünerberg, K.: Das Asbestzement-Druckrohr.*
Berlin, Göttingen u. Heidelberg: Springer-Verlag, 1963.

2/12 *Hünerberg, K. u. Tessendorf, H.: Handbuch für Asbestzementrohre.*
Berlin, Heidelberg u. New York: Springer-Verlag, 1977.

2/13 *Jegorow, M.: Stahlfaserbetonrohre für Entwässerungsleitungen.*
Erste Erfahrungen in Österreich.
In: Beton- und Stahlbetonbau, H. 11 (1982), S. 278-282.

2/14 *Klose, N.: Sulfidprobleme und deren Vermeidung in Abwasseranlagen.*
Düsseldorf: Beton-Verlag, 1981.

2/15 *Kühl, H.: Zementchemie. Bd. 2, 1958, S. 186ff.*

2/16 *Lamprecht, H.O.: Wasserbautechnik in der römischen Kaiserzeit Alma Mater Aquensis. Berichte aus dem Leben der Rheinisch-Westfälischen Technischen Hochschule Aachen. Bd. 17, 1979/1980.*

2/17 *Lautrich, R.: Der Abwasserkanal. Handbuch für Planung, Ausführung und Betrieb. Berlin u. Hamburg: Paul Parey-Verlag, 1980.*

2/18 *Locher, F.W., Rechenberg, W. u. Sprung, S.: Beton nach 20jähriger Einwirkung von kalklösender Kohlensäure.*
In: Beton (1984), S. 193-198.

2/19 *PCI (Prestressed Concrete Inst., Chicago), Durability of Glass Fiber Reinforced Concrete. Symposium 11/1985.*

2/20 *Powers, Copeland, Hayes, Mann: Zementchemie für Bauingenieure (nach W. Czernin). 3. Aufl., 1977, S. 155.*

2/21 *Rhem, G.: Forschungsvorhaben Faserbeton. Teil 1. Literaturauswertung. Forschungsbericht im Auftrag des Innenministers des Landes Nordrhein-Westfalen. Düsseldorf, 1979.*

2/22 *Schnütgen, B.: Das Festigkeitsverhalten von mit Stahlfasern bewehrtem Beton unter Zugbeanspruchung.*
(= Techn.-Wiss. Mitteilungen des Institutes für Konstr. Ingenieurbau der Ruhr-Universität Bochum, Nr. 75-8.)

2/23 *Shah, S.P. u. Rangan, B.V.: Effects of Reinforcement on Ductility of Concrete.*
In: Journal of the Structural Division 06/1970.

2/24 *Thistlethwayte, D.K.B.: Sulfide in Abwasseranlagen. Ursachen, Auswirkungen, Gegenmaßnahmen.*
Düsseldorf: Beton-Verlag, 1979.

2/25 *Tiroler Röhren- u. Metallwerke, Hrsg.: TRM-Report.*
Informationen der Tiroler Röhren- u. Metallwerke AG, Hall, H. 3 (1983).

2/26 *Travnicek, R.: Faserbeton und Faserspritzbeton.*
In: Zement und Beton 1/1986.

2/27 *Wellinger, K. u. Gaßmann, H.: Die Berechnung duktiler Schleudergußrohre.*
(= Techn.-Wiss. Berichte der Staatlichen Materialprüfanstalt der Technischen Hochschule Stuttgart, H. 65-01, 1965.)

2/28 *Wesche, K.: Baustoffe für tragende Bauteile. Bd. 2: Beton.*
Wiesbaden u. Berlin: Bauverlag GmbH, 1981.

Normen

Österreichische Normen

ÖNORM B 2501: Entwässerungsanlagen für Gebäude und Grundstücke; Bestimmungen für Planung und Ausführung.

ÖNORM B 2503: Ortskanalanlagen (Straßenkanäle); Richtlinien für die Ausführung.

ÖNORM B 2504: Schächte für Entwässerungsanlagen.

ÖNORM B 2555: Umhüllung von Rohren aus Gußeisen; Zinküberzüge mit Deckbeschichtung.

ÖNORM B 2556: Umhüllung von Rohrleitungen aus Gußeisen; Polyethylen-Umhüllungen.

ÖNORM B 2557: Umhüllung von Rohren aus Gußeisen; Beschichtungen mit Bitumenlösungen.

ÖNORM B 2590: Rohre und Formstücke aus duktilem Gußeisen; Technische Lieferbedingungen.

ÖNORM B 2591: Druckrohre und Formstücke aus duktilem Gußeisen für Gas- und Wasserleitungen; Formen, Abmessungen, Gütesicherung.

ÖNORM B 2595: Kanalrohre und Formstücke aus duktilem Gußeisen (K); Formen, Abmessungen, Gütesicherung.

ÖNORM B 3305: Betonangreifende Wässer, Böden und Gase. Beurteilung und chemische Analyse.

ÖNORM B 5060: AZ-Druckrohre.

ÖNORM B 5062: AZ-Kanalrohre, Rohre und Formstücke aus Asbestzement und Verbindungen; Anforderungen, Prüfungen und Gütesicherung.

ÖNORM B 5070: Betonrohre und zugehörige Formstücke; Anforderungen, Prüfung und Gütesicherung.

ÖNORM B 5071: Stahlbetonrohre, Stahlbetondruckrohre und zugehörige Formstücke aus Stahlbeton; Anforderungen, Prüfung und Gütesicherung.

ÖNORM B 5072: Schachtringe, Brunnenringe und Schachtkonusse aus Beton.

ÖNORM B 5073: Stahlfaserbetonrohre und zugehörige Formstücke; Anforderungen, Prüfung und Gütesicherung.

ÖNORM ISO 4179: Rohre aus duktilem Gußeisen für Druckrohrleitungen; aufgeschleuderte Zementmörtel-Auskleidungen; allgemeine Anforderungen.

ÖNORM M 3193, Teil 1: Gußeisen mit Kugelgraphit (Sphärolithisches Gußeisen); unlegiert und niedriglegiert.

Deutsche Normen

DIN 1693, Bl. 1: Gußeisen mit Kugelgraphit, Werkstoffsorten, unlegiert und niedriglegiert.

DIN 4030: Beurteilung betonangreifender Wässer, Böden und Gase. Ausg. 1969.

DIN 4030, Teil 2: Beurteilung betonangreifender Wässer, Böden und Gase. Entnahme und Analyse von Wasser- und Bodenproben (in Ausarbeitung).

DIN 4032: Betonrohre und Formstücke; Maße, technische Lieferbedingungen.

DIN 4034, Teil 1: Schächte aus Beton- und Stahlbetonfertigteilen für erdverlegte Abwasserkanäle und -leitungen; Maße, technische Lieferbedingungen (in Vorbereitung).

DIN 4034, Teil 2: Schachtfertigteile aus Beton und Stahlbeton für Brunnen- und Sickeranlagen; Maße, technische Lieferbedingungen (in Vorbereitung).

DIN 4035: Stahlbetonrohre, Stahlbetondruckrohre und zugehörige Formstücke aus Stahlbeton; Maße, technische Lieferbedingungen.

DIN 4060, Teil 1: Dichtringe aus Elastomeren für Rohrverbindungen in Entwässerungskanälen und -leitungen; kreisförmige oder ähnliche Wirkungsquerschnitte, Anforderungen, Prüfungen, Bemessungen.

DIN 19690: Technische Lieferbedingungen für Rohre und Formstücke aus duktilem Gußeisen für Entwässerungskanäle und -leitungen.

DIN 19850, Teil 1: Asbestzementrohre und -formstücke für Abwasserkanäle; Rohre, Abzweige, Bogen; Maße, technische Lieferbedingungen.

DIN 19850, Teil 2: Asbestzementrohre und -formstücke für Abwasserkanäle; Rohrverbindungen, Maße.

DIN 50929, Teil 3: Korrosion der Metalle; Korrosionswahrscheinlichkeit metallischer Werkstoffe bei äußerer Korrosionsbelastung; Abschätzung und Hinweise auf Schutzmaßnahmen, Rohrleitungen, Behälter und Bauteile außerhalb von Gebäuden.

Internationale Normen

ISO 160: Asbestos-cement pressure pipes and joints.

ISO 881: Asbestos-cement pipes, joints and fittings for sewerage and drainage.

ISO 2785: Guidelines for the selection of asbestos-cement pipes subject to external loads with or without internal pressure.

ISO 4482: Asbestos-cement pipelines - Guide for laying.

ISO 4483: Asbestos-cement pipelines - Field pressure testing.

ISO 7337: Asbestos reinforced cement products - Guidelines for on-site work practices.

Vorschriften, Empfehlungen, Merkblätter

BGBl. Nr. 86/1985 - Lebensmittelgesetz.

Cembureau Recommendation 1978: Use of Concrete in Aggressive Environments.

Deutscher Betonverein - Merkblatt. Fassung Stahlfaserspritzbeton.

Merkblatt für Schutzüberzüge auf Beton bei sehr starken Angriffen nach DIN 4030. Ausg. 1973. In: Beton 23 (1973), S. 399-403.

Betontechnische und konstruktive Maßnahmen beim chemischen Angriff - Merkblatt Zement und Beton 7 der Bauberatungsstelle des Vereins der Österr. Zementfabrikanten und des Österr. Betonvereins.

Prüfvorschriften für Glasfaserbeton. Laboranweisungen der BPV GesmbH, A-2326 Lanzendorf.

3. ERKUNDUNG

Die exakte Erkundung mit entsprechender Dokumentation des Kanalzustandes und sämtlicher Schadstellen stellt die Hauptvoraussetzung für die Auswahl geeigneter Sanierungsmaßnahmen dar. Die in Verbindung mit Kanalerkundungen derzeit eingesetzten Untersuchungsmethoden sind aus der folgenden Tabelle ersichtlich:

VERFAHREN	KOMMENTAR/EINSCHRÄNKUNGEN
OPTISCHE KONTROLLE in begehbaren (schliefbaren) Kanälen	Augenschein Dokumentation durch Fotografie
in nicht begehbaren Kanälen	Kanalspiegelung Fließprobe Kanalfernsehen (früher Kanalfoto-/ Kanalfilmanlagen)
ERWEITERTE OPTISCHE KONTROLLE in begehbaren (schliefbaren) Kanälen	Oberflächenbeschaffenheit (Kontrolle mit Handwerkzeug)
DICHTHEITSPRÜFUNG mit Wasser als Prüfmedium (nach ÖNORM B 2503 DIN 4033/Freispiegelkanäle DIN 4279/Druckstollen)	zur Prüfung des gesamten Rohrstranges einzelner Muffen von Schächten sonstiger Bauwerke
mit Luft als Prüfmedium	zur Prüfung des Rohrstranges einzelner Muffen
PROFILMESSUNGEN	Durchziehen eines Kalibermeßsystems, Kreuzlehre; Dokumentation z.B. mit EDV bei deformierten Leitungen
LAGEKONTROLLE (Flucht und Gefälle)	Vermessung mit Baulaser und Inklinometer
WERKSTOFFPRÜFUNGEN	In-situ-Prüfungen Entnahme von Bohrkernen (Prüfung ausgebauter Rohrelemente).

Tab. 3.1

(Es werden nur die Normen angeführt, die die kanalbezogene Prüfung beschreiben.)

In den nachstehenden Ausführungen werden die in Zusammenhang mit unterirdischen Kanalsanierungen anzuwendenden Erkundungsverfahren kurz beschrieben; nur die wesentlichsten Punkte sollen angeführt werden, da die meisten Verfahren aus den Inspektionen bestehender Kanäle bekannt sind.
Besonderen Stellenwert besitzt die Dokumentation in Form von Zustandsprotokollen. Da die mit der Erhaltung von Kanalsystemen befaßten Körperschaften aber aufgrund der Erfahrungen im Rahmen regelmäßiger Inspektionen jeweils eigene Auswertungsformulare entwickelt haben, sollen nur die allgemeinen Punkte zu diesem Thema beleuchtet werden.

3.1. OPTISCHE KONTROLLE

Voraussetzungen jeder Kanalinspektion sind gründliche Reinigung des betrachteten Abschnittes sowie Außerbetriebnahme des Untersuchungsbereiches, um auch den Sohlbereich einer genauen Untersuchung unterziehen zu können.

3.1.1. BEGEHBARE PROFILE

Die optische Kontrolle begehbarer (schliefbarer) Kanäle (auch als "direkte Inspektion" bezeichnet) wird als bekannt vorausgesetzt, daher in dieser Aufstellung nicht näher behandelt. Es soll jedoch auf die bei der Kontrolle potentiell einsturzgefährdeter Kanalabschnitte einzukalkulierenden Sicherheitsvorkehrungen hingewiesen werden.

3.1.2. NICHT BEGEHBARE PROFILE

Die optische Kontrolle nicht begehbarer Profile wird im wesentlichen mit folgenden Methoden durchgeführt:

- Kanalspiegelung
- Kanalfernsehen.

Durch das Kanalfernsehen wurden

- Kanalfotografie
- Kanalfilmaufnahmen

großteils abgelöst.

Kanalspiegelung

Die Kanalspiegelung ist die einfachste Möglichkeit einer raschen Kontrolle nicht begehbarer Profile, sofern es sich um einen geradlinig verlegten Abschnitt handelt (Untersuchung - siehe Abb. 3.1).
Mit Hilfe dieser Methode können

- horizontale und vertikale Lageabweichungen
- Querschnittsveränderungen
- größere Schäden

festgestellt werden; die Lage von Schadstellen kann nur ungefähr geschätzt werden. Aufgrund dieses Nachteils läßt sich die Kanalspiegelung nur als erste Voruntersuchung einsetzen.

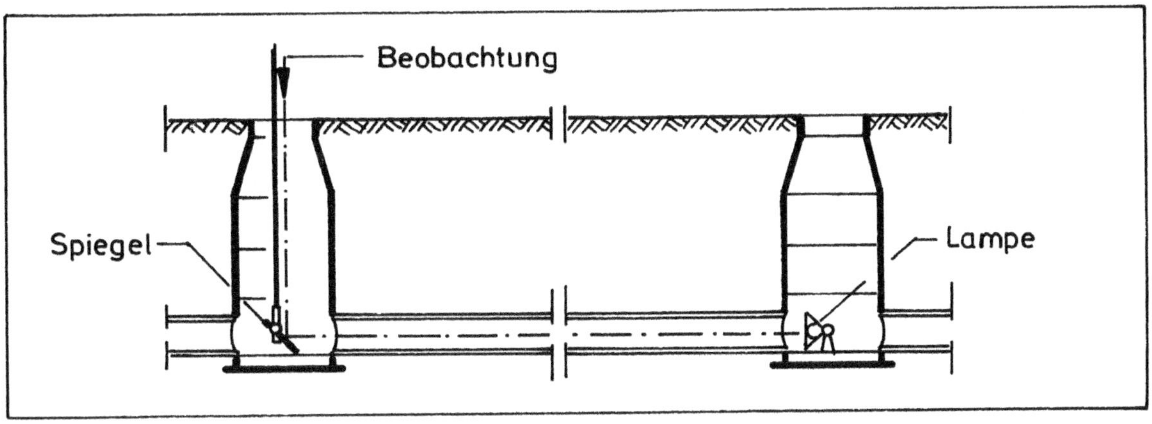

Abb. 3.1: Prinzipskizze der Kanalspiegelung

Kanalfernsehen

Das Kanalfernsehen hat in den letzten Jahren die Kanalfotografie und die Kanalfilmaufnahmen nahezu vollständig abgelöst, da die Kontrolle der Aufnahmen sofort erfolgen kann und die Auswertung der Videobänder zu einer entsprechenden Dokumentation mit EDV-Unterstützung auf einfache Weise möglich ist.
Die Systeme der Kanalkameras wurden und werden immer mehr verfeinert; Entwicklungsschwerpunkte:

- Größtmögliche Schwenkbarkeit des Objektivs
- Kleinstmögliche Gehäuseabmessungen.

Da im Moment zahlreiche Kameratypen angeboten werden bzw. weitere Entwicklungen innerhalb kurzer Zeit zu erwarten sind, wurde von der technischen Beschreibung einzelner Kameras abgesehen.

3.2. DICHTHEITSPRÜFUNG

(Abschnittslänge: ca. 100m)

Die Dichtheitsprüfung von Kanälen bildet eine wesentliche Grundlage für die Beurteilung des Kanalzustandes, sowohl nach Errichtung des Kanals als auch während des Betriebes und insbesondere vor notwendigen Erneuerungsmaßnahmen.

Richtlinien für die Durchführung der Dichtheitsprüfung enthalten die einschlägigen ÖNORMEN, wie B 2501 und B 2503. Bei Dichtheitsprüfungen mit Wasser als Prüfmedium sind DIN 4033 für Freispiegelkanäle und DIN 4279 für Druckstollen heranzuziehen.

Prüfmedien für die Dichtheitsprüfung sind Wasser und Luft. Die konventionelle Prüfung mittels Wasser basiert auf langjährigen Erfahrungen; sie erfordert allerdings einen relativ hohen Baustellenaufwand, weshalb bisher meist nur Stichprobenkontrollen erfolgten. Durch Prüfung mit Druckluft lassen sich Kanäle lückenlos und unabhängig von Witterungseinflüssen auf Dichtheit überprüfen.- Die erforderlichen Sicherheitsvorkehrungen sind aus den jeweils geltenden Vorschriften, in Österreich z.B. ÖNORM B 2503, ersichtlich.

Zur lückenlosen Überprüfung eines Kanalsystems gehört außerdem die Überprüfung der Kanalschächte auf Dichtheit.
Bei den beiden vorhin genannten Prüfmethoden können die Schächte nur schwer mitberücksichtigt werden. Eine Abwandlung des Prüfverfahrens mittels Druckluft unter Verwendung von Unterdruck läßt jedoch auch die Prüfung von Kanalschächten zu.
Bei großkalibrigen, schliefbaren oder begehbaren Leitungen kann die Dichtheitsprüfung auch mit Muffenprüfgeräten durchgeführt werden. Bei dieser Methode werden geeignete Prüfgeräte jeweils im Muffenbereich plaziert und nach abgeschlossener Prüfung zur nächsten Muffe weiterbewegt. Die Muffenprüfung kann mittels Wasser, Druckluft oder Unterdruck vorgenommen werden.

3.3. MECHANISCHE ÜBERPRÜFUNG DES BAUZUSTANDES

Prüfung der Betonfestigkeit im Bauwerk nach DIN 1048, Teil 2 sowie Teil 4 bzw. nach ÖNORM B 3303 und B 4200, Teil 10.

Die bei Prüfung nach DIN bzw. ÖNORM ermittelten Festigkeiten sind im allgemeinen mit den wirklichen Festigkeiten im Bauwerk vor allem wegen der unterschiedlichen Erhärtungsbedingungen nicht identisch. Prüft man daher die Festigkeit des Betons im Bauwerk selbst, handelt es sich immer um eine Erhärtungsprüfung; das Ergebnis ist nicht ohne weiteres auf die Normforderung zu beziehen, da diese durch die Güteprüfung nachzuweisen ist. Die Prüfung im Bauwerk wird notwendig, wenn die Güteprüfung nicht ordnungsgemäß durchgeführt wurde oder unzureichende Ergebnisse brachte. Zweckmäßig ist sie für die Eigenüberwachung, die Prüfung des Erhärtungsverlaufes und die Ermittlung eines Mindestwertes der Betonfestigkeit im Bauwerk.

3.3.1. ZERSTÖRENDE PRÜFVERFAHREN

Die zerstörende Prüfung an Bohrkernen gibt direkten Aufschluß über Gefüge und Druckfestigkeit. Übliche Bohrkerndurchmesser sind 150 und 100mm, im Sonderfall bei feingliedrigen und stark bewehrten Bauteilen auch 50mm.
Die Wahl des Bohrkerndurchmessers hängt im wesentlichen vom Größtkorn des Zuschlags und Abstand der Bewehrung ab. Der Bohrkerndurchmesser sollte nicht kleiner als das Dreifache des Größtkorns sein, da sonst die Spannungsverteilung im Betonquerschnitt zu ungleichmäßig, dadurch die Festigkeit ungünstig beeinflußt wird. Das Verhältnis h/d des fertigen Probekörpers soll etwa 1,0 sein.

Aus Bauwerken herausgebohrte Zylinder haben wegen der anderen Verteilung der Mischung und der angeschnittenen Zuschlagkörper kleinere Festigkeiten als gesondert hergestellte Probekörper gleicher Gestalt und Größe aus gleichem Beton. Die kleinere Größe der Bohrkerne hebt diesen Einfluß aber wieder so weit auf, daß man im Mittel die Bohrkernfestigkeit bei 150 und 100mm Durchmesser der Festigkeit des 200mm-Würfels gleichsetzen kann. Da die Oberfläche im allgemeinen eine andere Festigkeit aufweist (siehe Abschnitt "Zerstörungsfreie Prüfverfahren") und bei geringer Oberflächenfestigkeit diese Schicht im Bereich der Prüfplatten querdehnungsbegünstigend, damit festigkeitsmindernd, wirken kann, sollte die Oberfläche entweder einige Zentimeter tief abgesägt oder die Festigkeit mit und ohne diese Schicht verglichen werden.

Mit Gefügeschädigungen durch den Entnahmevorgang ist erst bei Festigkeiten unter $1 N/mm^2$ zu rechnen, hier meist auch nur unter ungünstigen Umständen (grobe Zuschläge, Stahleinschlüsse). Eine Verstärkung der negativen Einflüsse ist mit abnehmendem Bohrkerndurchmesser zu erwarten. Die Druckfestigkeit von Bohrkernen mit 50mm Durchmesser darf daher nur mit 90% der Druckfestigkeit von 200mm-Würfeln gleichgesetzt werden.

In den Probekörpern dürfen nur senkrecht oder schräg zur Druckrichtung verlaufende Bewehrungsstähle vorhanden sein, die sich durch Spaltkräfte festigkeitsmindernd auswirken. Probekörper sind bei der Auswertung der Versuchsergebnisse nicht zu berücksichtigen, wenn der gesamte Bewehrungsanteil > 5% des Probekörpervolumens oder der Bewehrungsanteil im mittleren Drittel der Probekörperhöhe, d.h. im Bereich der größten Querdehnung, > 1% des Probekörpervolumens beträgt.

3.3.2. ZERSTÖRUNGSARME PRÜFVERFAHREN

Zugprüfgeräte eignen sich sowohl für Festigkeitsuntersuchungen nach der Ausreiß- oder Abreißmethode an den verschiedensten Baustoffen (Zement, Mörtel, Beton und Kunststoffe) als auch für Haftzugfestigkeitsversuche in der Beschichtungstechnik (Abb. 3.2).

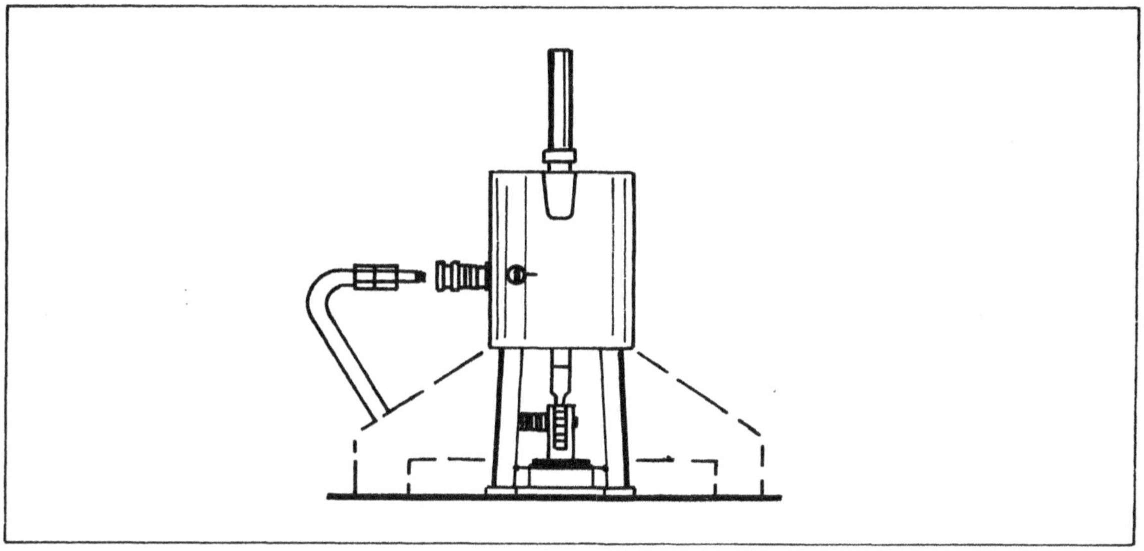

Abb. 3.2: Schematische Darstellung des Zugprüfgerätes

Zugprüfgeräte bestehen aus einer auf einem Prüfgestell abgestützten Belastungseinheit (Druckzylinder) sowie einer Meß- und Steuereinheit. Im Prüfgestell befindet sich eine Zentrierung, über die beim Ansetzen der Belastungseinheit eine Selbstzentrierung über die auf die Prüffläche mit einem rasch abbindenden Spezialklebstoff aufgeklebte Prüfplatte vorgenommen wird. Mit entsprechenden Prüfplatten sind Untersuchungen an den verschiedensten Baumaterialien nach den einschlägigen Normen bzw. Prüfvorschriften möglich. Die Meß- und Steuereinrichtung wird über eine Schlauchverbindung mit der Belastungseinheit verbunden. Sie umfaßt die Baugruppen "Versorgen", "Steuern" und "Messen". Bezüglich der Handhabung des Gerätes sollte man nach gerader und günstiger Prüffläche suchen bzw. Unebenheiten (z.B. mit Meißel) entfernen.
Durch ungünstige Voraussetzungen (Unebenheiten, Oberflächenwölbung etc.) wirken infolge großer Schrägstellung zusätzliche Kräfte auf die Belastungseinheit, die nicht mehr ausgeglichen werden können bzw. das Meßergebnis verfälschen. Um dies zu vermeiden, soll eine eventuelle Schrägstellung möglichst gering gehalten werden.
Bei Tiefenabreißversuchen ist vor dem Aufkleben der Prüfplatte ein Einschnitt mit einem Kronenbohrgerät (z.B. Handbohrmaschine mit einer Diamantbohrkrone) vorzunehmen.
Bei senkrechten oder Überkopf-Prüfflächen soll die Belastungseinheit entweder durch die Bohrungen des Prüfgestells festgedübelt oder bis zum Versuchsende mit beiden Händen festgehalten werden. Die Kraftmessung erfolgt über den Öldruck mit einem Feinmeßmanometer durch Ablesen der Kraftanzeige auf der dem Gerätetyp entsprechenden Skala.

3.3.3. ZERSTÖRUNGSFREIE PRÜFVERFAHREN

Da es aus technischen und wirtschaftlichen Gründen nicht immer möglich ist, eine genügend große Anzahl von Probekörpern etwa durch Bohren aus dem Bauwerk zu entnehmen und zerstörend zu prüfen, können auch zerstörungsfreie Prüfverfahren zur Beurteilung der Betondruckfestigkeit herangezogen werden.
Bedeutend in dieser Hinsicht sind die nachfolgend angeführten Verfahren (schematische Darstellung der Wirkungsweise siehe Abb. 3.3):

- Messung des Rückpralls R mit dem Rückprallhammer
- Messung des Kugeleindrucks d mit dem Kugelschlaghammer
- Messung der Schallaufzeit mit dem Ultraschallgerät
  und daraus die Berechnung der Schallgeschwindigkeit.

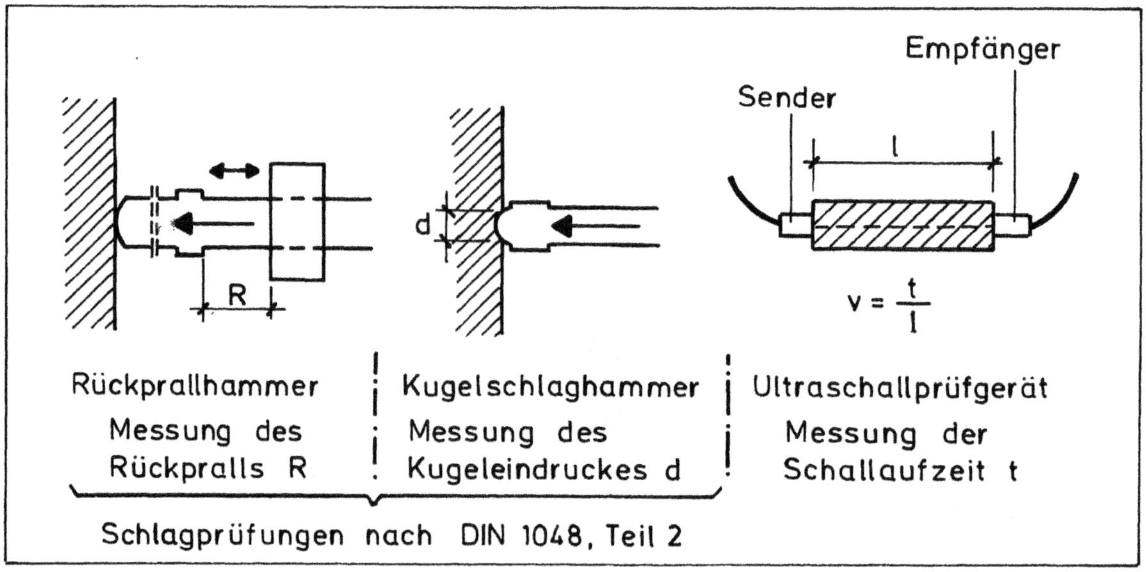

Abb. 3.3: Wirkungsweise der zerstörungsfreien Prüfverfahren

3.3.3.1. SCHLAGPRÜFUNGEN

Die beiden ersten Verfahren sind in DIN 1048, Teil 2 behandelt. Bei diesen Schlagprüfungen treffen die Schlagbolzen, die unter der Wirkung von Federn beschleunigt werden, auf die Oberfläche des Betons. Die Schlagenergie wird zum Teil durch Erzeugung eines bleibenden Eindrucks in der Betonoberfläche, zum Teil durch einen Rücksprung des Schlaggewichtes verbraucht.
Bei der Schallprüfung wird ein Schallimpuls durch den Beton geschickt, die Schallaufzeit zwischen Sender und Empfänger gemessen. Dieses Verfahren erfordert umfangreiche meßtechnische Kenntnisse und kann daher nur von Fachleuten angewendet werden.

Beim Kugeleindruck wird die plastische Verformung des Zementsteins geprüft, bei der Messung des Rückpralls und der Schallaufzeit hingegen das elastische Verhalten des Betons. Die erste Methode unterscheidet sich grundlegend von den beiden anderen; gemeinsam ist allen die indirekte Bestimmung der Festigkeit, d.h., daß von einer gemessenen Verformungseigenschaft des Betons auf eine andere Eigenschaft, die Druckfestigkeit, geschlossen wird - ein Vorgehen, das mit besonderen Schwierigkeiten verbunden ist.-

Auf die großen Streuungen im Zusammenhang zwischen Druckfestigkeit und E-Modul wird hingewiesen.
Kornzusammensetzung, Größtkorn und Zementsteingehalt beeinflussen die Ergebnisse der Schlagverfahren: Je gröber die Kornzusammensetzung, je größer das Größtkorn und je kleiner der Zementsteingehalt, desto größer ist die Wahrscheinlichkeit, beim Schlag auf ein Zuschlagkorn zu treffen, das das Versuchsergebnis verfälscht. Bei größerem Zuschlag-E-Modul wird der Rückprall größer. Die Schlagverfahren messen nur die Oberflächenhärte, und zwar beim Kugelschlaghammer auf wenige mm, beim Rückprallhammer auf wenige cm Tiefe. Ist der Oberflächenbereich eines Betons anderen Einflüssen ausgesetzt als die darunterliegenden Schichten - dies ist meist der Fall -, können die gemessenen Werte nicht ohne weiteres auf den gesamten Betonquerschnitt übertragen werden. Die Oberfläche trocknet schneller aus und nimmt schneller Feuchtigkeit auf; sie ist durch Nachbehandlung und Lagerung im Bauwerk stärker beeinflußt; der Zement hydratisiert hier anders als im Kern. Die Oberfläche karbonatisiert und verändert in Abhängigkeit von der Zementart ihre Festigkeit gegenüber dem Kern.

Wesentlich sind ferner Wasserdurchlässigkeit und Saugfähigkeit der Schalung sowie Entmischungen. So hat z.B. bei Stahlbetondecken der Beton der Unterseite einen wesentlich größeren E-Modul als der Beton der Oberseite.

3.3.3.2. ANWENDUNG VON SCHALLWELLEN ZUR PRÜFUNG VON BETON

Schalluntersuchungen an Betonkörpern dienen fast immer zur Bestimmung der Betongüte. In den wenigsten Fällen werden Schallwellen zum Nachweis von Fehlstellen in einem Bauteil verwendet.

Eine Prüfung der Betongüte erfolgt in der Regel durch Feststellen der Druckfestigkeit an Probewürfeln, aus dem Bauwerksbeton hergestellt. Damit wird nur ermittelt, ob der Beton eine vorgeschriebene Mindestdruckfestigkeit erreicht. Ein Rückschluß auf den Beton des Bauwerks ist aus den Werten der Würfeldruckfestigkeit nur bedingt möglich, da u.a. die Verdichtung großen Einfluß auf die Betongüte hat.

Aus einem Bauwerk können Bohrkerne zur Güteprüfung entnommen werden, mit anschließender Bestimmung der Druckfestigkeit. Die Prüfung hat den Nachteil, daß sie nur an den Stellen der Bohrkernentnahme eine Aussage über die Betongüte erlaubt; außerdem wird das Bauteil an dieser Stelle beschädigt.
Über die Laufzeit von Ultraschallwellen in Beton läßt sich in vielen Fällen eine Gütekontrolle herbeiführen, die völlig zerstörungsfrei ist. Nach Aufbau der Meßanlage können in relativ kurzer Zeit an verschiedenen Stellen eines Bauwerkes Messungen vorgenommen werden. Hinsichtlich der Beurteilung der Meßergebnisse ist zu betonen, daß nur eine rein empirische Beziehung zwischen der Betondruckfestigkeit und den aus Ultraschallmessungen gewonnenen Ergebnissen (Schallgeschwindigkeit, Elastizitätsmodul) existiert.

Bei der Durchschallung von Bauteilen werden vom Sender longitudinale und transversale Wellenpakete in den Prüfkörper abgestrahlt (Abb. 3.4). Der Empfänger nimmt diese Wellenpakete auf und leitet sie als elektrische Impulse der Elektronik zu. Werden plattenförmige Bauteile untersucht, treten zusätzliche Oberflächenwellen und die an der Plattenunterseite reflektierten Wellen auf. Auf dem Oszillogramm erscheinen die verschiedenen Wellen mit unterschiedlicher Intensität. Durch eine spezielle Ausbildung des Empfängers werden bevorzugt transversale Wellen empfangen. Die Schwierigkeit einer Auswertung der Oszillogramme insbesondere bei flächenartigen Bauteilen liegt in der Zuordnung der verschiedenen Schwingungen zu den longitudinalen, transversalen und Oberflächen-Wellenpaketen.

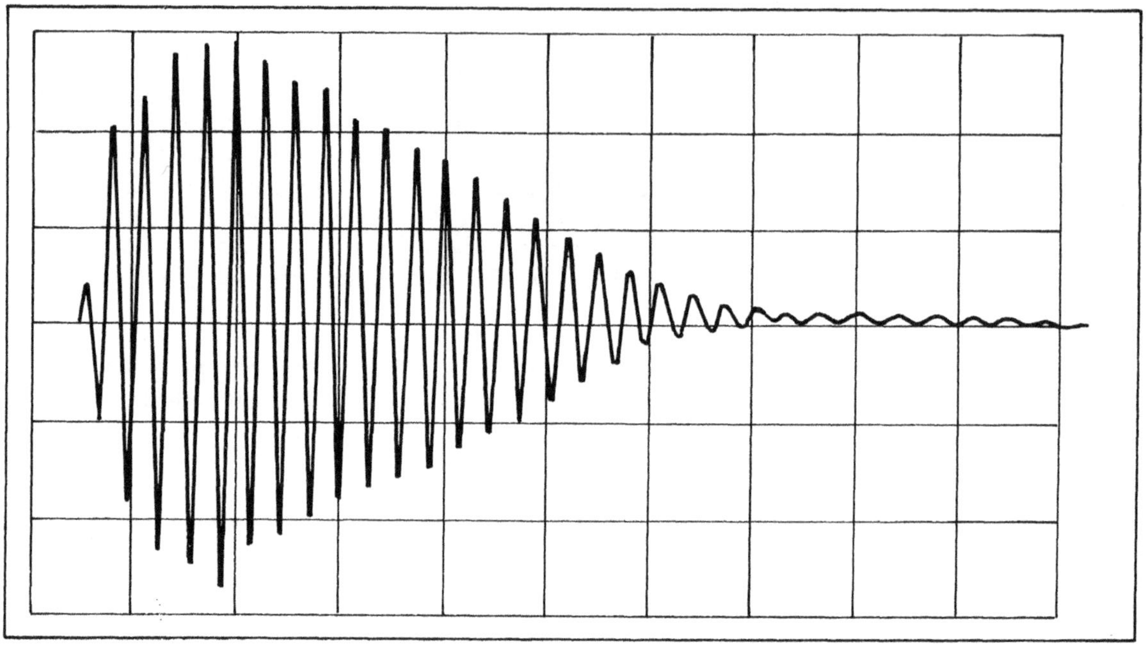

Abb. 3.4: Oszillogramm des vom Sender abgestrahlten Wellenpaketes

Bei der Messung der Schallaufzeit spielen die Unterschiede zwischen Oberfläche und Kern keine Rolle, da hier der gesamte Querschnitt in einer Richtung untersucht wird. Abgesehen von den Einflüssen aus Zuschlag und Zementsteingehalt sind Betonrohdichte, Querdehnungszahl, Form und Größe des Bauteils, Feuchtegehalt, Lage und Anteil der Bewehrung sowie Risse im Beton entscheidend.

3.4. DOKUMENTATION DER ERKUNDUNGSERGEBNISSE - SCHADENSBILDER

Grundlage für die Ausschreibung von Kanalsanierungsmaßnahmen ist die detaillierte Dokumentation der Ergebnisse der Erkundung.

Da die Erstellung derartiger Protokolle von lokalen Voraussetzungen, wie

- Vorherrschen bestimmter Profiltypen
- Häufung von Kanälen eines bestimmten Werkstoffes
- Festlegungen der vergebenden Körperschaft,

abhängt, wird in dieser Zusammenstellung auf die Beschreibung eines bestimmten Musters verzichtet.

Forderungen an ein Erkundungsprotokoll:

- Genaue Lageangabe von festgestellten Schadstellen
- Angabe von angefertigten Video- und Fotoaufzeichnungen im Protokoll
- Verwendung standardisierter Schadensbezeichnungen.

3.4.1. SCHADENSBEZEICHNUNGEN

Eine mögliche Aufstellung von Schadensbezeichnungen wurde für die Ausarbeitung des im Kapitel "Sanierungsverfahren" enthaltenen Auswahlschemas verwendet; dabei erfolgte eine Aufsplittung nach den Materialien der zu untersuchenden Kanäle; im einzelnen wurden folgende mögliche Schäden angeführt (Aufstellung Tab. Kapitel "Sanierungsverfahren"):

SCHÄDEN	BK	FTK	ZK	RK	HK
Anschluß (schadhaft)	#	#	#	#	#
Vorstehender Anschluß	#	#	#	#	#
Versatz	#	#	#	#	
Riß	#	#	#	#	#
Bruch	#	#	#	#	#
Wurzeleinwuchs	#	#	#	#	#
Ablagerungen	#	#	#	#	#
Blockierung	#	#	#	#	#
Wassereintritte	#	#	#	#	#
Offene Fuge	#				
Sohlschäden	#	#			
Mangelnde Betondeckung	#				
Klaffende Stoßfuge		#			
Mörtelauflösung			#		
Ziegelzersetzung			#		
Sohlenauswaschung			#		#
Rohrstoß klaffend				#	
Hydrauerkalk zersetzt					#
Stoßfuge beschädigt		#			
Rohrmuffe beschädigt				#	
Keine Sohlverkleidung					#

Tab. 3.2

Legende
BK...Betonkanäle
FTK...Fertigteilkanäle
ZK...Ziegelkanäle
RK...Rohrkanäle
HK...Hydrauerkanäle

Im Bereich von Sonderbauteilen wurden folgende Schäden in die Aufstellung aufgenommen:

- Sohle schadhaft
- Verputzschäden
- Steigeisen durchgerostet
- Oberer Bereich verschoben
- Undichtheit.

Eine Fotodokumentation typischer Fälle zu den genannten Schäden wäre sicher wertvoll, doch soll, um den Umfang des vorliegenden Bandes nicht zu sehr auszuweiten, ein derartiger Abschnitt unterbleiben.

LITERATUR

3/1 *Diem, P.: Zerstörungsfreie Prüfmethoden für das Bauwesen. Wiesbaden u. Berlin: Bauverlag GmbH, 1982.*

3/2 *F 2017: Querschnittsbericht Kanalbauarbeiten. Entsorgung von Wohngebieten. Bearbeitet im Auftrag des Bundesministers für Raumordnung, Bauwesen und Städtebau, Bonn. Stuttgart: IRB-Verlag. (= Bauforschungsberichte des Bundesministers für Raumordnung, Bauwesen und Städtebau.)*

3/3 *Schenk Trebel GmbH: Handbuch. Zugprüfgerät RAB (in Klasse 2 nach DIN 51220).*

3/4 *Stein, D. u. Niederehe, W.: Instandhaltung von Kanalisationen. Berlin: W. Ernst & Sohn, 1987.*

3/5 *Wesche, K.: Baustoffe für tragende Bauteile. Bd. 2: Beton. Wiesbaden u. Berlin: Bauverlag GmbH, 1981.*

Normen

Österreichische Normen

ÖNORM B 2501: Entwässerungsanlagen für Gebäude und Grundstücke; Bestimmungen für Planung und Ausführung.

ÖNORM B 2503: Ortskanalanlagen (Straßenkanäle); Richtlinien für die Ausführung.

ÖNORM B 3303: Betonprüfung.

ÖNORM B 4200, Teil 10: Beton; Herstellung und Überwachung.

Deutsche Normen

DIN 1048, Teil 2: Prüfverfahren für Beton; Bestimmung der Druckfestigkeit von Festbeton in Bauwerken und Bauteilen; Allgemeine Verfahren.

DIN 1048, Teil 4: Prüfverfahren für Beton; Bestimmung der Druckfestigkeit von Festbeton in Bauwerken und Bauteilen; Anwendung von Bezugsgraden und Auswertung mit besonderen Verfahren.

DIN 4033: Betonrohre nach DIN 4032; Leitsätze für die Ausführung von Betonrohrleitungen. Entwässerungskanäle und -leitungen; Richtlinien für die Ausführung (11.79).

DIN 4279: Innendruckprüfung von Druckrohrleitungen für Wasser; Teil 1-9 (11.75), Teil 10 (11.77).

Vorschriften, Empfehlungen, Merkblätter

Grundlagen für die Inspektion, Instandsetzung, Sanierung und Erneuerung von Abwasserkanälen und -leitungen. Regelwerk der Abwassertechnischen Vereinigung e.V. (ATV) in Zusammenarbeit mit dem Verband Kommunaler Städtereinigungsbetriebe (VKS). Merkblatt - Entwurf 20.02.1987.

4. AUFRECHTERHALTUNG DES BETRIEBES

Im Gegensatz zu den bisher angewendeten herkömmlichen Methoden des Neubaues einer Kanalstrecke (in Wien als "Umbau" bezeichnet) stellt bei unterirdischen Methoden die Aufrechterhaltung des Kanalbetriebes während der Sanierungsmaßnahmen einen wesentlichen Verfahrensbestandteil dar.

In Abhängigkeit von den einzelnen Verfahrenstechniken, aber auch von der Menge des während der Sanierungsarbeiten anfallenden Abwassers im Verhältnis zum Profilquerschnitt existieren folgende Möglichkeiten:

- Sanierungsmaßnahmen in begehbaren Profilen mit nur kurzzeitigem Abschluß der betroffenen Strecke (mit Aufstau des nachdringenden Abwassers)

- Fassung des nachdringenden Abwassers und der Zuleitungen (wie Hausanschlüsse) in einem durch die Sanierungsstrecke geführten Rohrstrang (Voraussetzung: entsprechend geringe Abwassermenge während des Sanierungszeitraumes)

- Aufbau einer Wasserhaltung mit Umleitung der Sanierungsstrecke.

Während die erste Methode auch bei Reinigung und Inspektion von Kanalstrecken zum Einsatz kommt, daher nicht einer weiteren Beschreibung bedarf, sind die beiden anderen Möglichkeiten der Wasserhaltung als neue Entwicklungen zu betrachten.

4.1. ABWASSERABLEITUNG IM PROFIL

Voraussetzungen für die Abwasserableitung im Profil:

- Möglichst genaue Abschätzung des Abwasserangebotes während des Sanierungszeitraumes

- Möglichkeit, die Arbeiten neben dem Abwasserrohr durchführen zu können

- Möglichkeit, bei unerwartetem starkem Wasseranfall (z.B. Unwetter bei Mischsystemen und Überschreitung des ausnutzbaren Rückstauvolumens) die Sanierungsstrecke nach kurzer Vorbereitungszeit überfluten zu können.

Abb. 4.1 enthält die Schemaskizze einer derartigen Abwasserumleitung mit Anschluß eines Hauskanals an die provisorische Rohrleitung.

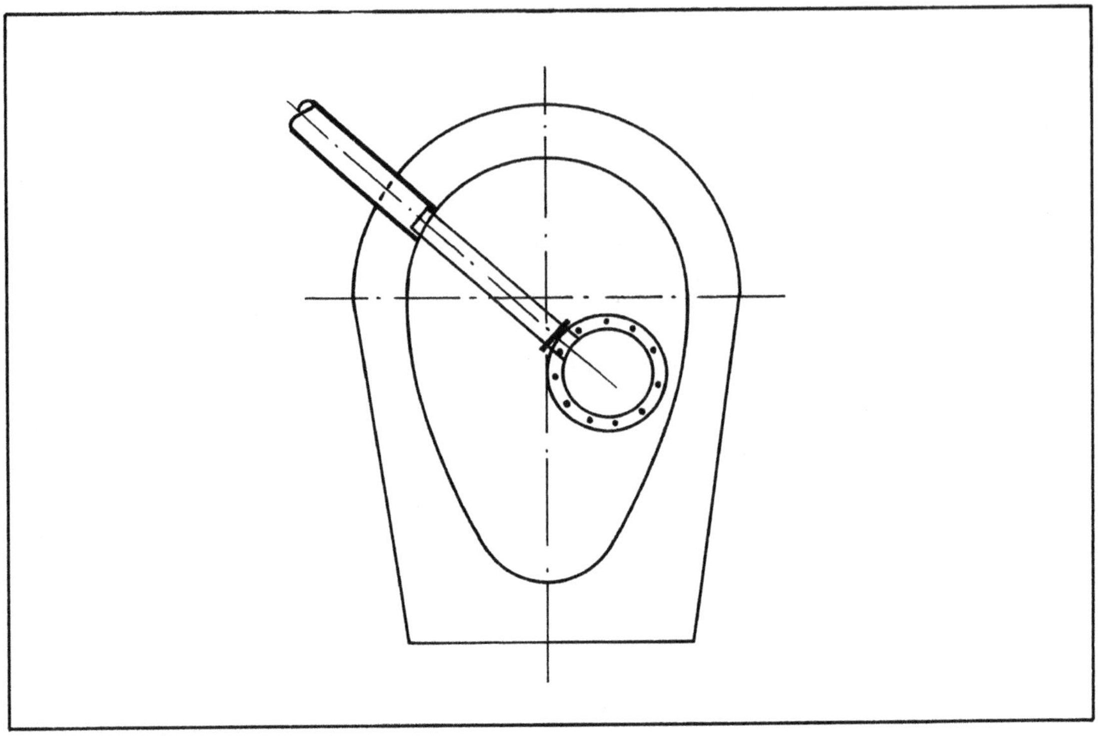

Abb. 4.1: Möglichkeit der Abwasserableitung während der Bauzeit durch den Sanierungsabschnitt

Da Detailpunkte, wie

- Abdichtung des oberen Straßenkanalabschlusses
- Abdichtung der Hauskanalanschlüsse
- Abhängung/Unterstellung des Rohrstranges,

von den Gegebenheiten des zu sanierenden Kanalprofiles abhängen, wird auf mögliche Lösungen nicht näher eingegangen.

Diese Art der Abwasserumleitung empfiehlt sich vor allem bei chemischen Sanierungen, da in diesem Fall die Einengung des Arbeitsraumes nicht so sehr ins Gewicht fällt.

4.2. ABWASSERUMLEITUNG

Da bei einigen der im Kapitel "Sanierungsverfahren" erwähnten Verfahren zur unterirdischen Kanalsanierung die betroffene Strecke über lange Zeit trockengehalten werden muß, ergibt sich die Notwendigkeit, einerseits das nachdringende Abwasser im Straßenkanal um die Sanierungsstrecke zu leiten, andererseits die Hauskanäle im Streckenverlauf in die Umleitung einzubeziehen.

Abb. 4.2 veranschaulicht das Schema der Trockenlegung einer Sanierungsstrecke mit den notwendigen mechanischen Einrichtungen.

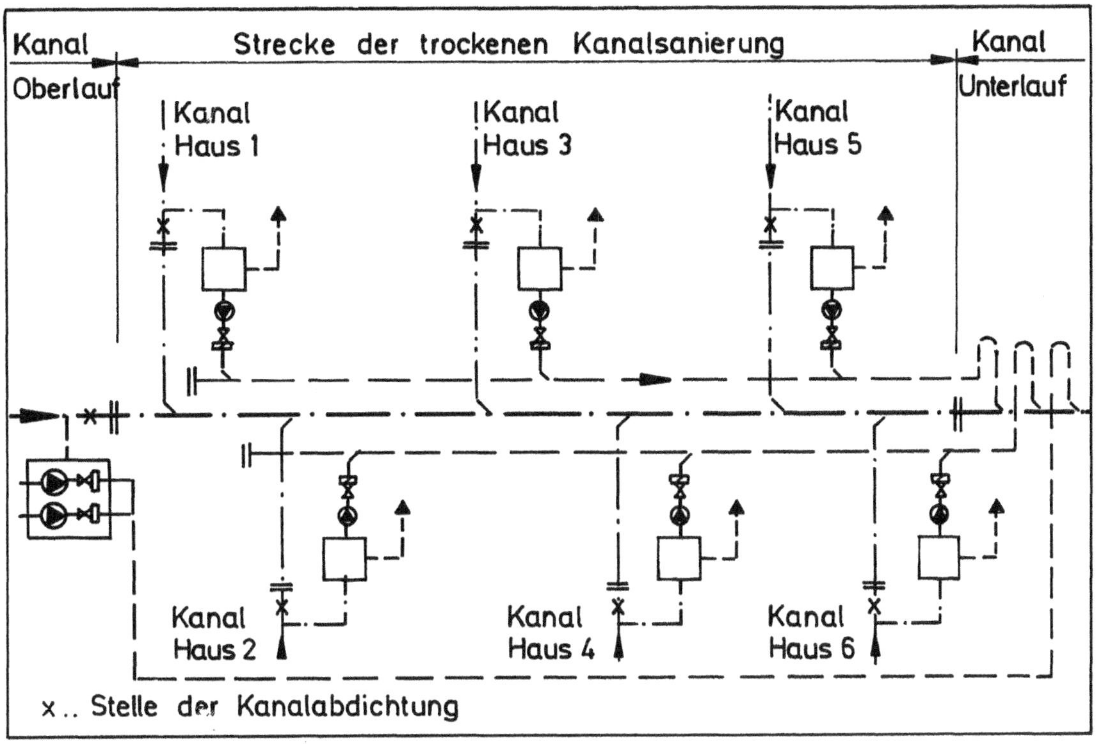

Abb. 4.2: Schema der Trockenlegung einer Kanalsanierungsstrecke

Gliederung der Arbeiten:

- Einrichtung der Anlage für den Hauptkanal
- Anschlüsse der Hauskanäle
- Betrieb während der Sanierungsmaßnahmen
- Demontage der Abwasserumleitung.

4.2.1. EINRICHTUNGEN FÜR DEN HAUPTKANAL

Die Einrichtungen im Bereich des Hauptkanals umfassen die Schaffung einer Fäkalienabwasser-Hebeanlage in einem provisorischen Schacht im Bereich Abdichtung-Oberlauf, die Erstellung der Zulaufleitung vom Hauptkanal zur Hebeanlage, die Druckleitung von der Hebeanlage bis zur Einmündung in den Unterlauf sowie die zur Einbindung dieser Umleitung notwendigen Vorkehrungen. Die Hebeanlage ist mit einer den örtlichen Gegebenheiten angepaßten Entlüftung zu versehen. Die Führung der Umleitung hat sich ebenfalls an der jeweiligen Situation und voraussichtlichen Dauer der Sanierungsmaßnahmen zu orientieren und kann entweder über Niveau (mit entsprechenden Abdeckungen) oder in einem provisorischen Graben verlaufen.

In bezug auf die maschinentechnischen Einrichtungen soll nur auf die Anwendung von zwei Fäkalpumpen hingewiesen werden, wobei ein Aggregat zur Förderung der Grundlast, das andere zur Abdeckung der Spitzenwerte herangezogen wird.

4.2.2. ANSCHLUSS DER HAUSKANÄLE

Das Problem beim Anschluß der Hauskanäle liegt weniger im technischen Bereich, als vielmehr in der rechtlichen Situation, da der Anschluß der Hauskanäle mit einen Eingriff in den Bereich des jeweiligen Hauseigentümers bedeutet. Die im Zuge der Arbeitsvorbereitungen herzustellende Übereinstimmung hinsichtlich der temporären Maßnahmen kann unter Umständen Verzögerungen bewirken, die in der Arbeitsvorbereitung eingeplant werden sollten.
Maßnahmen im Hinblick auf den Anschluß der Hauskanäle:

- Schaffung eines provisorischen Schachtes und Aufstellung einer Fäkalienabwasser-Hebeanlage für jeden Hausanschluß. Durch entsprechende Tiefe des Schachtes wird ein Zulaufen des Abwassers von oben gewährleistet.

- Anordnung von jeweils zwei Pumpen mit ähnlicher Arbeitsweise wie beim Hauptkanal.

- Aufstellung eines entsprechend abgedichteten Sammelbehälters.

- Herstellung der Verbindung vom Hauskanal zur Hebeanlage.

- Herstellung der (zwei) provisorischen Druckleitungen als Verbindung der Haus-Hebeanlage mit dem Kanalunterlauf.

Die Entlüftung der jeweiligen Haus-Hebeanlage kann durch Verbindung mit einer provisorischen Leitung zu einem Haus-Entlüftungsstrang erfolgen. Die Einbindung der Druckleitungen in den Kanalunterlauf entspricht der unter Pkt. 4.2.1. beschriebenen Einmündung der Hauptkanal-Umleitung.

4.2.3. BETRIEB WÄHREND DER SANIERUNGSMASSNAHMEN

Vor Beginn der eigentlichen Sanierungsmaßnahmen muß die betroffene Strecke mit einer den Gegebenheiten angepaßten Kanalabdichtung abgeschlossen werden; in gleicher Weise werden die Hausanschlüsse abgetrennt.

Während des Betriebes der provisorischen Umleitung ist besonders auf die Sicherung gegen Betriebsausfälle in eventuellen Arbeitspausen zu achten. (Kurzfristige Störungen werden durch das Aufnahmevolumen der Sammelbehälter überbrückt.) Die Demontage der Einrichtung nach Abschluß der Arbeiten bedarf keiner weiteren Behandlung; bei allen die Straßenoberfläche betreffenden Maßnahmen sind jedoch im Fall der Wiederherstellung die Vorgaben der jeweiligen Straßenverwaltung zu berücksichtigen.

4.2.4. KURZCHARAKTERISTIK

Wegen der Bandbreite der Profilabmessungen und der anfallenden Abwassermengen können nur grobe Grenzwerte angegeben werden.

Hebeanlagen (mögliche Größen)
Förderstrom: 15 bis 200m^3/h
Förderhöhe: max. 8m
Motorleistung: ca. 1,5 bis 2,2kW
Sammelbehältervolumen: 160 bis 1100 l
(aus Polyester oder korrosionsgeschütztem Stahlblech).

Rohrleitungen
Für die Rohrleitungen kommen verzinkte Stahlrohre bis DN 175 in Frage, bei größeren Durchmessern verzinkte Flanschrohre.

Armaturen
Abgestimmt auf die Nennweiten können Graugußarmaturen in Flanschausführung eingesetzt werden.

5. SANIERUNGSVERFAHREN

Vor der Beschäftigung mit einzelnen Verfahren der unterirdischen Kanalsanierung soll kurz auf den Problemkreis "Reinigung der Sanierungsstrecke" eingegangen werden. Eine detaillierte Behandlung des Themas wurde insofern unterlassen, als die Kanalreinigung zu den laufend durchzuführenden Erhaltungsmaßnahmen zählt.
Im Zusammenhang mit Sanierungsverfahren ist die Kanalreinigung bezüglich folgender Aspekte entscheidend:

- Vorbereitung zur Untersuchung
- Vorbereitung zu einigen (nicht zerstörenden) Sanierungsverfahren
- erste Stufe von Sanierungsmaßnahmen (Entfernung eingewachsener Wurzeln).

Hinsichtlich der Reinigungsverfahren in Verbindung mit der Kanaluntersuchung und Vorbereitung spezieller Sanierungsmethoden sind nachstehende Varianten von Spülverfahren anzuführen:

- Schwallspülung
- Stauspülung
- Hochdruckspülverfahren.

Während Schwallspülung und Stauspülung zu den seit langem bekannten, aber immer noch eingesetzten Reinigungsverfahren gehören, stellt das Hochdruckspülverfahren wegen des hohen Reinigungsgrades bei geringem Personalaufwand und der hohen Leistung eine wesentliche Weiterentwicklung dar. Ein speziell geformter Düsenkopf wird zweimal durch den Kanal gezogen (mit und gegen die Strahlrichtung), wobei der Pumpendruck bei einem Wasserdurchsatz von 800l/min 200bar erreichen kann.
Bei verfestigten Ablagerungen oder Wurzeleinwuchs kann mit Spülverfahren nicht mehr das Auslangen gefunden werden. In diesen Fällen (sie liegen im Übergangsbereich zwischen Kanalreinigung und Sanierung) werden mechanische Maßnahmen notwendig; so der Einsatz von:

- Schneidgeräten
- Bohr- und Fräsgeräten
- Hochdruckwasserstrahl- und Sandstrahlgeräten.

(Möglichkeiten der mechanischen Reinigung begehbarer Kanäle wurden in dieser Aufstellung nicht berücksichtigt.) Da die Darstellung des Problemkreises der Kanalreinigung mit mechanischen Geräten einen eigenen Bericht erfordern würde, wird von einer auszugsweisen Erwähnung einzelner Geräte abgesehen. Die im Zusammenhang mit verschiedenen Verfahren stehenden notwendigen Reinigungsverfahren werden bei der Beschreibung dieser Verfahren genannt. In bezug auf die Bekämpfung eingewachsener Wurzeln sei auf die in den letzten Jahren entwickelten chemischen Verfahren (z.B. Wurzelbeseitigung mit geschäumten Herbiziden) hingewiesen, die eine dauernde Beseitigung des Problems gewährleisten sollen. (Bei reinem Schneiden der Wurzeln besteht die Gefahr des raschen Nachwachsens.) Die Beschreibung der Verfahren zur unterirdischen Kanalsanierung wurde nach den zu fordernden Hauptkriterien gegliedert:

- Abdichtende Wirkung
- Abdichtende und mittragende/selbsttragende Wirkung.

Verfahren, bei denen das bestehende Kanalprofil weitgehend zerstört wird (z.B. bei Bedarf nach Querschnittsvergrößerung), sind in dem Abschnitt "Geschlossene Bauweise" enthalten. Die klassischen Verfahren der Erneuerung in offener Bauweise werden nur kurz angeschnitten. - Eine Zusammenstellung sämtlicher besprochener Verfahren findet sich in tabellarischer Form im Anschluß an das Kapitel "Sanierungsverfahren".

5.1. ABDICHTENDE SYSTEME

5.1.1. CHEMISCHE SANIERUNGSMETHODEN

ABDICHTUNG - IMPRÄGNIERUNG - BESCHICHTUNG

Wie das ständige Reinigen des Kanals eine Erhöhung der Lebensdauer bewirkt, scheint es sinnvoll, eine ständige Behandlung der Oberfläche in die laufenden Unterhaltungsarbeiten einzubeziehen.

Ein Großteil der Zerstörung geht auf die Kanalatmosphäre zurück, die wieder verstärkt die Betonoberflächen durch sinkenden pH-Wert beansprucht. Wenn der pH-Wert der Betonoberfläche unter 7 sinkt, kann die Sammlerinnenwandung nach gründlicher Reinigung mit einer Silikatlösung bzw. silikathaltigen Flüssigkeit behandelt bzw. besprüht werden. Dies kann auch von unten mittels eines durch die Betonröhre schwimmend hindurchgeführten Sprühkörpers erfolgen (5/10, 5/17) (Abb. 5.1).

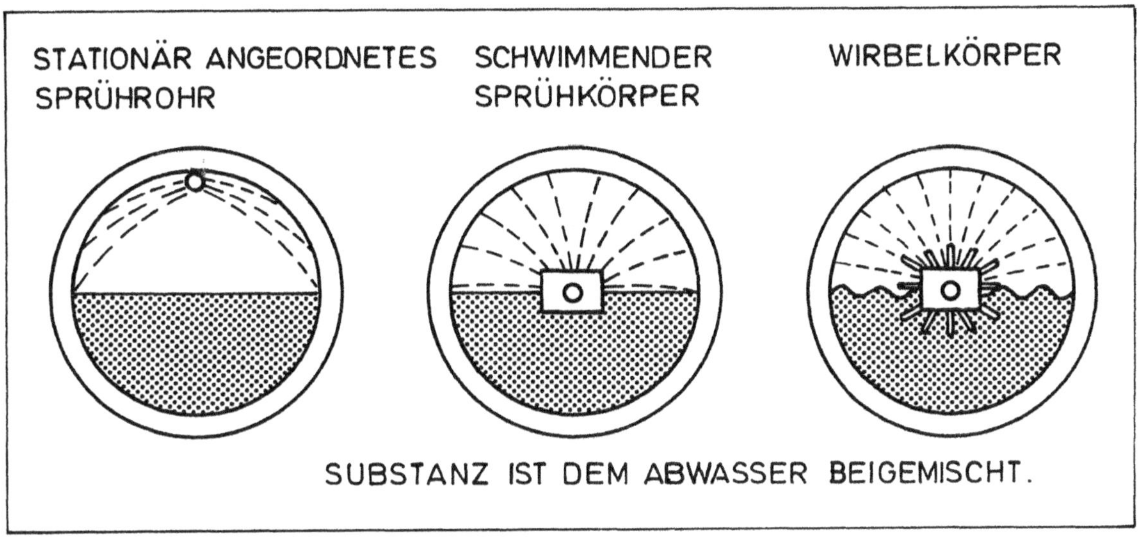

Abb. 5.1: Behandlung von Betonwandungen, z.B. Betonrohren, mit alkalischer Substanz (Lösung) nach (5/17)

In diesem Zusammenhang ist ein Spezialverfahren anzuführen (5/10):

Der zu behandelnde Beton wird mit Portlandzement+Silikatsand+organischen Beimengungen getränkt. Bei Kontakt mit Feuchtigkeit bilden sich in den Poren des Betons Kristalle, die diese bis auf 3cm Tiefe wasserdicht verschließen. Damit soll eine Säureresistenz bis zu einem pH-Wert von 3,5 erreicht werden (ausführliche Erfahrungen mit diesem Werkstoff stehen allerdings noch aus).

Die erwähnten Maßnahmen sind nur als vorbeugende Schutzmaßnahmen zu verstehen. Beschichtungen mit Epoxidharzen, Polyurethanen und Polyestern führen "definierte Grenzflächen" zum "Ablösen" der Beschichtung (5/8).

Örtliches Abdichtungsverfahren

Anwendung
Bei örtlichen Schäden, wie undichte Muffen (5/13, 5/14, 5/24) (Abb. 5.2), oder Rissen, DN 150 bis 1000mm aller gängigen Werkstoffe.

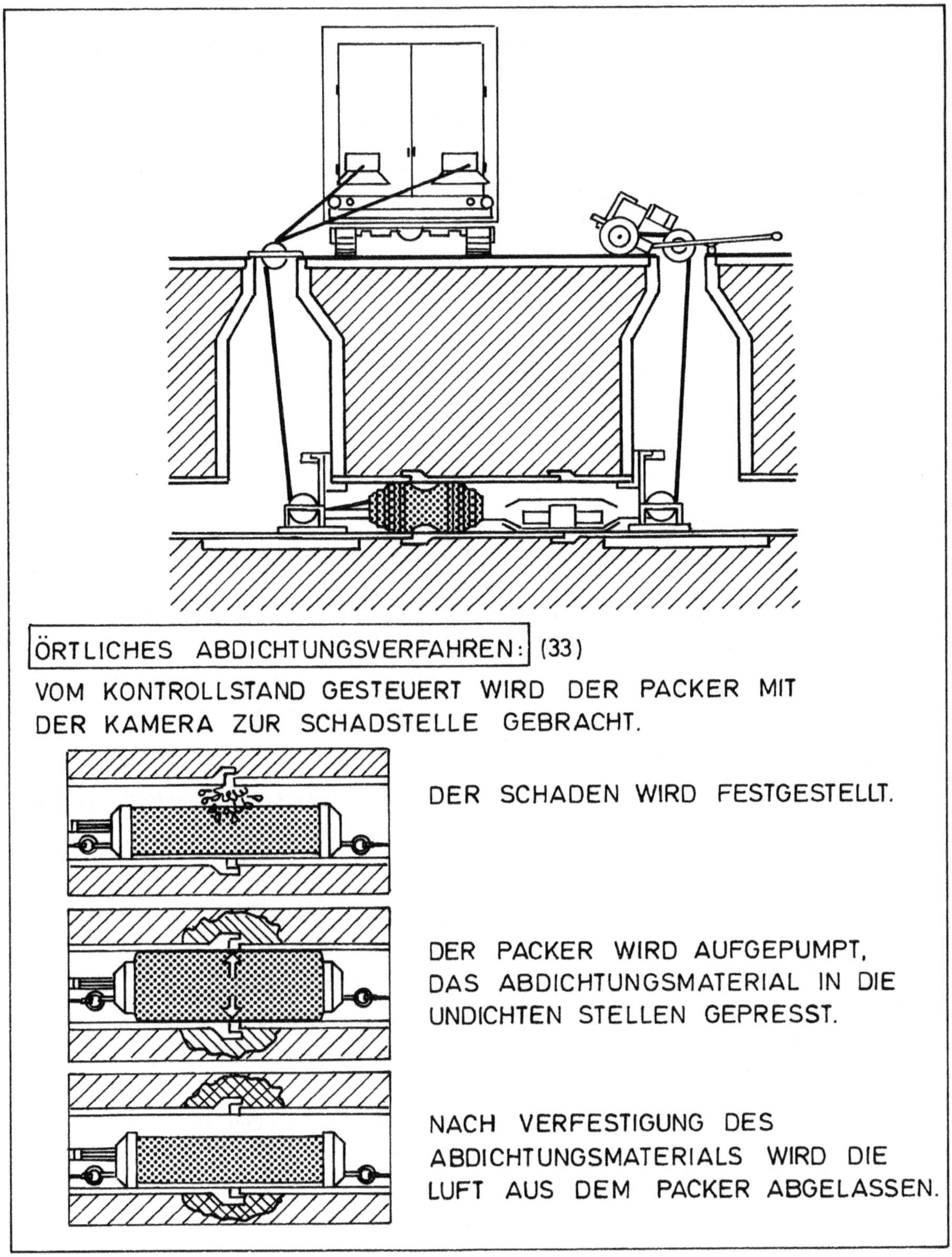

Abb. 5.2: Örtliches Abdichtungsverfahren (siehe 5/13)

Verfahrensablauf
Nach Ermittlung der undichten Stelle wird ein "Packer" positioniert. Zwei aufblasbare Gummimanschetten schirmen die schadhafte Stelle ab. Dann wird ein Drucklufttest mit 0,3 bis 0,5bar durchgeführt. Über einen Dreifachschlauch preßt man das Zweikomponenten-Acrylharz in die Schadstelle. Das Harz verbindet sich mit dem umgebenden Erdreich und schließt nach Sekunden die Undichtigkeit ab. Das verpreßte Material bleibt in erdfeuchter Umgebung dicht, da es unter Einwirkung von Wasser aufquillt. Die darauffolgende Druckluftprobe beschließt den Abdichtungsvorgang.

Nach den Angaben ausführender Firmen können pro Tag 20 bis 25 Schadstellen saniert werden; die statische Tragfähigkeit wird aber kaum verbessert.
Wirtschaftlich läßt sich das Verfahren nur einsetzen, sofern es sich um punktuelle Schäden handelt, der Sammler jedoch im allgemeinen intakt ist.

Abschnittsweises Abdichtungsverfahren (5/3)

Allgemein
Im Gegensatz zu anderen Methoden der Bodenverfestigung, die sich der Zuschlagstoffe Zement, Kalk etc. bedienen, wird bei diesem Verfahren Wasserglas als Verfestigungsreagenz herangezogen. Charakteristisch ist die Bildung eines Gerüstes aus polymeren Silikaten, die mit dem Verfestigungsreagenz Wasserglas Bindungen eingehen und ein irreversibles, wasserdichtes Gel bilden. Zwei Lösungen werden hintereinander in den zu verfestigenden Bereich eingebracht; die chemischen Reaktionen lassen sich innerhalb eines Zeitraumes von 15 Minuten bis 12 Stunden steuern; Nachreaktionen sind nach zwei Tagen abgeschlossen.

Unter Zugrundelegung der österreichischen Richtlinien (Emissionsrichtwerte für Abwassereinleitungen) werden die zulässigen Grenzwerte für Abwasseremissionen durch die verwendeten Grundmaterialien eingehalten.

Anwendung - Sanierung schadhafter Kanalabschnitte (Abb. 5.3)
Bei der Sanierung schadhafter Kanäle wird die von zwei Schächten begrenzte, gereinigte Kanalstrecke mit Kanalstoppeln abgeschlossen; Abzweigungen und Hauskanaleinmündungen werden verschlossen und entlüftet. Sofern nötig, wird das während der Sanierung anfallende Abwasser umgeleitet bzw. aufgestaut. Danach bringt man die erste Lösung in den Kanal ein; sie sickert durch vorhandene Risse, Löcher und andere Undichtigkeiten in das den Kanalstrang umgebende Erdreich wie auch in Bodenhöhlen und Auswaschungen. Die im Kanalquerschnitt verbleibende Lösung wird in den Tankwagen zurückgepumpt, die zweite Lösung in den Kanal eingebracht. Diese reagiert mit dem außerhalb des Kanals im Boden und in den defekten Teilen der Kanalwandungen zurückgebliebenen Teilen der ersten Lösung und bildet das irreversible, wasserdichte Gel. Auf diese Weise wird nicht nur der bestehende Kanal, sondern auch das umgebende Erdreich wasserdicht gemacht und verfestigt.

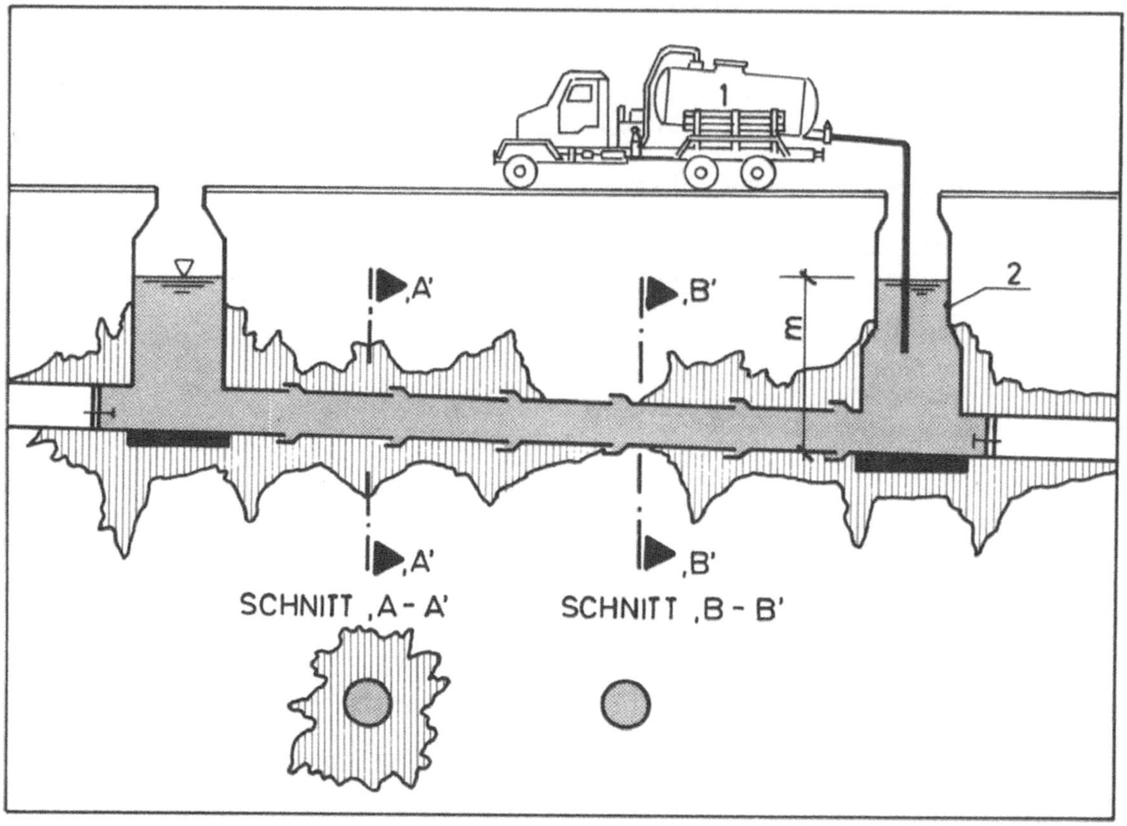

Abb. 5.3: Sanierung eines defekten Kanalabschnittes

Sanierung von Senkgruben (Abb. 5.4)
Abgesehen von der Kanalsanierung kann das Verfahren auch zur Abdichtung und Verfestigung von Senkgruben eingesetzt werden; Arbeitsablauf und verwendete Reagenzien entsprechen denen der Kanalsanierung.

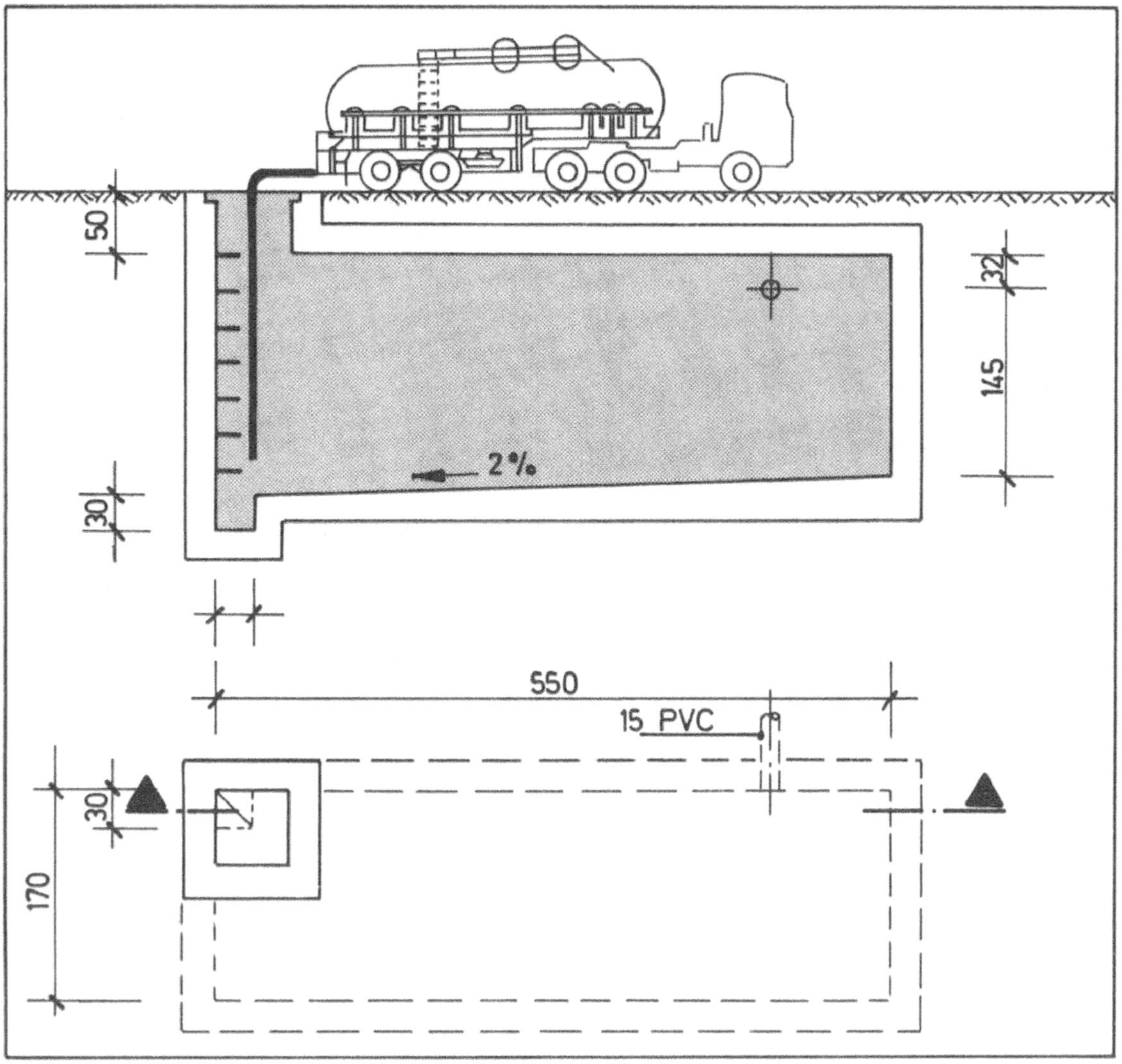

Abb. 5.4: Sanierung einer undichten Senkgrube

5.1.2. INJEKTIONEN

SANIERUNG DURCH INJEKTIONEN VON DER KANALINNENSEITE (Abb. 5.5)

In einer Variante wird das unter 5.1.1. beschriebene Verfahren bei Injektionen aus dem Kanalinneren herangezogen. Vom begehbaren Kanalprofil aus werden Bohrlöcher in das umgebende Erdreich vorgetrieben und danach das Bodenmaterial verfestigt; das eigentliche Kanalprofil benötigt man zur Lastabtragung nicht mehr.
Während des Sanierungsvorganges bleibt der Kanalquerschnitt frei und kann zur Aufnahme einer temporären Abwasserableitung dienen.
In einem zweiten Arbeitsschritt werden defekte Teile der Kanalwandungen ausgebrochen, durch Mörtel ersetzt und eine Fertigteil-Kanalsohle eingebracht.

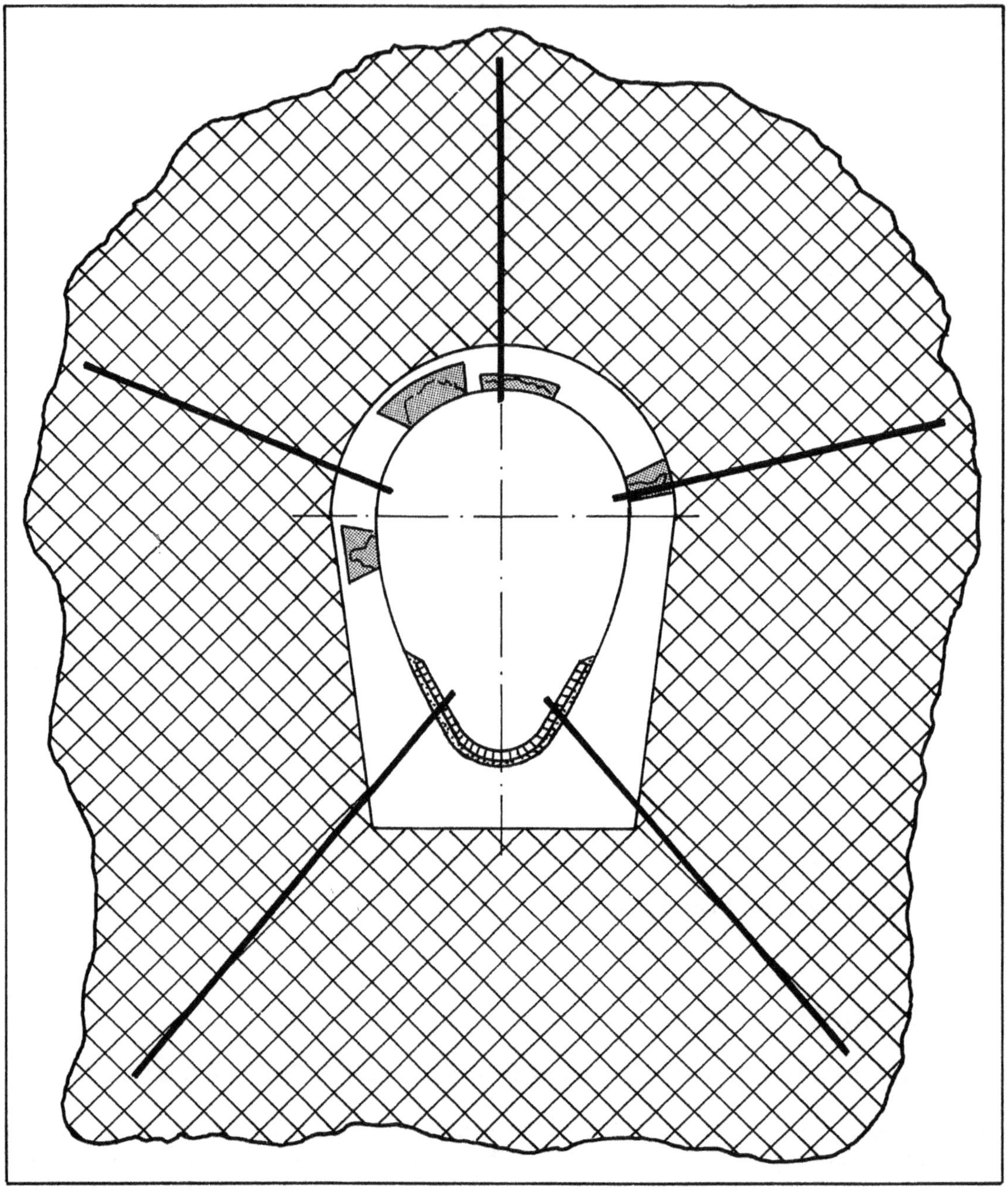

Abb. 5.5: Variante zum chemischen Abdichtungsverfahren ("Wasserglas als Verfestigungsreagenz")/Verfahren mit Injektionen von innen

HOCHDRUCKBODENVERMÖRTELUNG

Hochdruckbodenvermörtelung von außen

Mit Hilfe dieses Verfahrens und spezieller Schalungselemente werden die schadhaften Wandteile bei schlief- und begehbaren Kanälen von außen erneuert und verstärkt. Je nach dem Ausmaß der Sanierungsflächen können die Verfahren unter Heranziehung der Hochdruckbodenvermörtelung auch als "selbsttragend" eingestuft werden.

Zielsetzung

Dieses Verfahren erlaubt die Wiederherstellung einsturzgefährdeter Kanäle, insbesondere Profilkanäle, ohne daß der bestehende Kanalquerschnitt verändert bzw. verringert werden muß. Da entlang der bestehenden Kanaltrasse nur 2 bis 3 Bohrlochreihen niedergebracht werden müssen, wird die (Straßen)Oberfläche nur in geringem Ausmaß und nur kurzfristig in Anspruch genommen.

Kurzcharakteristik

Es wird davon ausgegangen, daß der Zustand des zu sanierenden Kanals Arbeiten unter Tag ohne entsprechende Sicherungen nicht mehr gestattet. Daher werden über bestehende Schächte oder Kammern Schalungselemente - vorzugsweise aus Stahlblech - eingebracht und im Kanal zu einer dichten Schalung zusammengebaut.
Zug um Zug können vorauseilend Sohlschalen, z.B. aus Polyesterbeton, versetzt werden, auf die die Schalungselemente aufzusetzen sind. Da der lichte Kanalquerschnitt durch die Schalung nur unwesentlich eingeschränkt wird, kann ggf. ein Kanalprovisorium im Arbeitsbereich eingerichtet werden. Stets muß aber so viel Raum im Inneren der Schalung verbleiben, daß das Umsetzen der Schalungselemente nicht behindert wird. Einmündende Hausanschlüsse sind vorübergehend zu sperren; sie können im Einmündungsbereich in die Sanierung einbezogen werden, indem entsprechend ausgebildete Schalungsrohre vom Straßenkanal aus in den Hausanschluß eingeschoben werden.
Unter Anwendung von Hochdruckbodenvermörtelungsverfahren werden beidseitig entlang des bestehenden Kanals Bohrungen niedergebracht; diese können in Anpassung an das Profil unter einem Winkel von ca. 5^{0} bis 10^{0} erfolgen. Die Abstände der Bohrungen werden entsprechend den Bodenverhältnissen gewählt; gleichfalls zu untersuchen ist die Notwendigkeit einer dritten Bohrlochreihe über Kanalfirst.
Man verwendet ein für dieses Verfahren entwickeltes Bohrrohr, dessen Bohrkopf eine oder mehrere im rechten Winkel zur Bohrachse angeordnete Düsen aufweist. Diese erzeugen unter einem Pumpendruck von 500 bis 1000bar einen Schneidstrahl aus Wasser, der beim Abteufen die Struktur des anstehenden Bodens sowie schadhafter Kanalteile einschließlich Sielhaut aufschneidet, auflöst und ausspült, während beim Ziehen des Bohrrohrs Zementsuspension durch die Düse (n) in den Boden gepreßt und durch die Dreh- und Ziehbewegung des Bohrrohrs mit dem Boden vermischt wird.
Das Hochdruckvermörtelungsverfahren wird heute bereits in mehreren Varianten eingesetzt, wobei in jeder Form die Auflösung vorhandener Bodenstruktur, die Zerstörung lockerer Bauteile und die Vermischung mit Zementsuspension zu einem Mörtel die Zielsetzung bedeuten. Als Bindemittel für Mörtel und Suspension dienen hydraulische Bindemittel:

- Portlandzement
- Eisenportlandzement
- Hochofenzement.

Durch Verwendung entsprechender Zusätze können auf die Randbedingungen des Einzelfalles abgestimmte Modifikationen bewirkt werden.

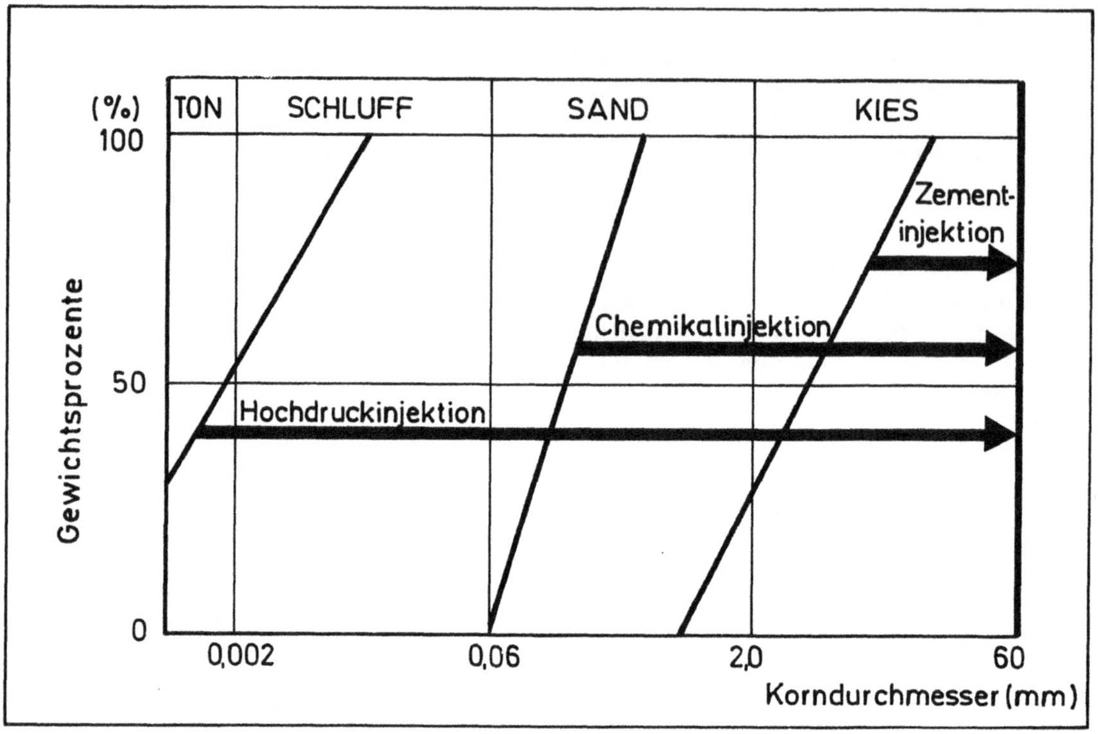

Abb. 5.6: Auswahl der geeignetsten Injektionsart in Abhängigkeit von Bodenart und Korndurchmesser

Durch die Stahlschalung soll, abgesehen von der Sicherung des Kanalprofils vor und während der Spülarbeiten, eine möglichst glatte Innenfläche für den um den Kanal neu aufgebauten Konsolidierungskörper erzielt werden.
Den Bohrarbeiten hat die genaue geodätische Bestimmung des Kanalbestandes und der benachbarten Einbauten voranzugehen. Während der gesamten Sanierungsarbeiten ist für eine Abfuhr des Spülgutes zu sorgen, das nicht in den Kanal geleitet werden darf. Um die erforderliche Standsicherheit des sanierten Kanals sicherzustellen, müssen Abstände der Bohrungen, Druck an der Düse und Zusammensetzung der Suspension auf die Bodenverhältnisse abgestimmt werden.

In Abb. 5.7 sind die 4 Phasen der Hochdruckvermörtelung zur Kanalsanierung von außen schematisch dargestellt:

Phase 1: Einbringen der Schalungselemente
Phase 2: Bohrphase
Phase 3: Auflockerung/Entfernung der Kanalwandteile
Phase 4: Einbringen der Suspension.

Das Verfahren kann auch bei intakter Innenschale des bestehenden Kanals, aber zu geringer Standfestigkeit des Profils angewendet werden.

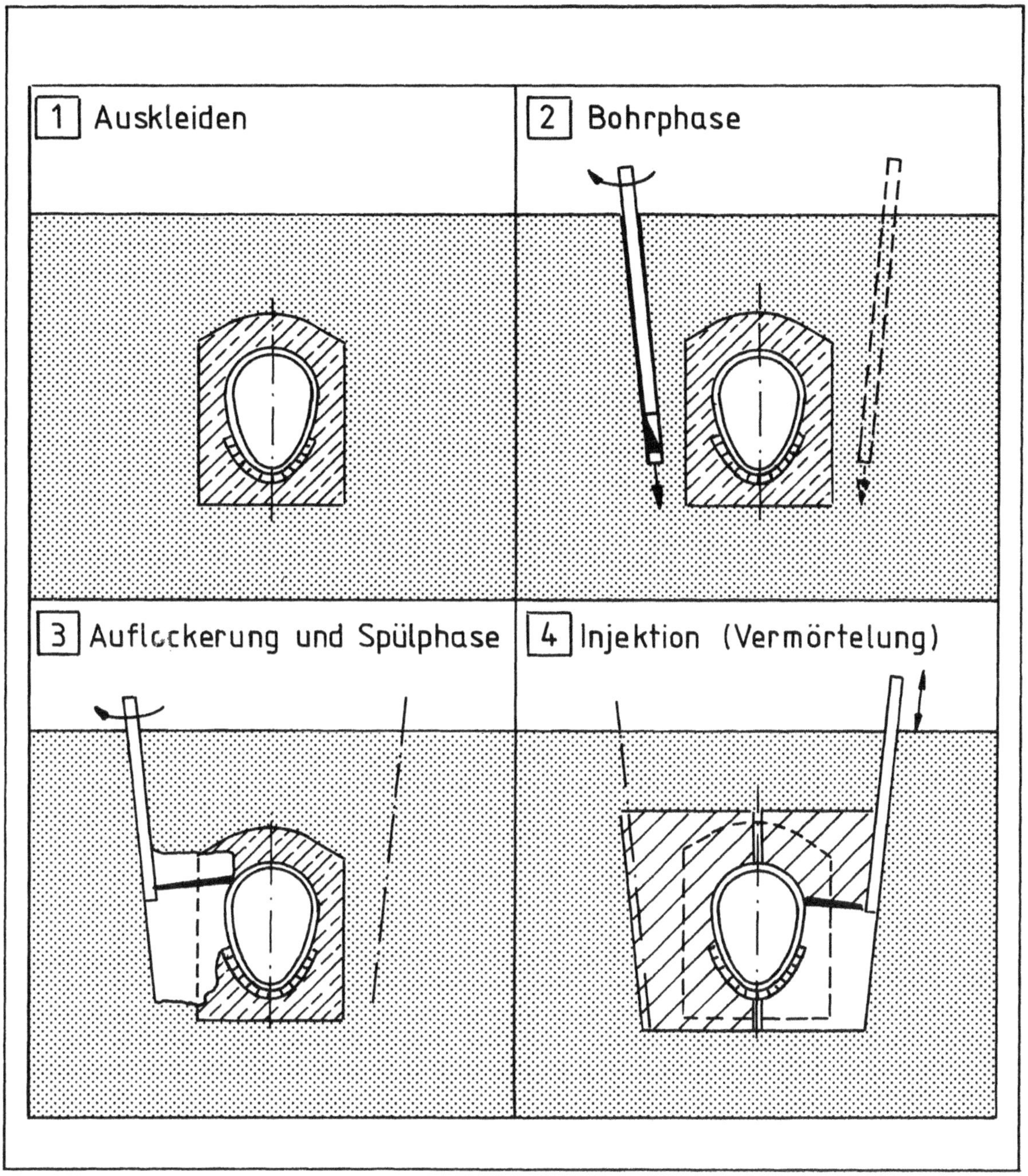

Abb. 5.7: Schematische Darstellung des Verfahrensablaufes

Hochdruckbodenvermörtelung von innen

Bei dichten Lagen verschiedener Einbauten (Rohrleitungen, Kabel etc.), deren exakte Lage aus den Plandokumenten zum Teil nicht entnommen werden kann, ist die Anwendbarkeit der Hochdruckbodenvermörtelung von außen eingeschränkt. Aufgrund dieser Schwierigkeit wurde ein Verfahren entwickelt, bei dem die Vermörtelung aus dem Kanalprofil vorgenommen wird.

Dazu sind in der - auch bei dieser Variante - verwendeten Stützschalung speziell gelagerte (bewegliche) Düsen eingesetzt. Der Schneidstrahl (Wasser oder Suspension) wird von innen auf die Kanalwandung gerichtet, die so gelockert und aufgelöst wird. Da das Spülgut nicht in den unter dem Sanierungsabschnitt liegenden Kanal abfließen soll, sind entsprechende Abzugsöffnungen vorzusehen. Der mit Drücken zwischen vorzugsweise 400 und 1200bar auf die vorhandene Kanalwandung auftreffende Schneidstrahl löst diese je nach Beschaffenheit auf und spült zugleich Verschmutzung wie Sielhaut und Feinteile aus. Die Zerstörung des Gefüges ermöglicht die Durchdringung und Vermengung mit der nachfolgend eingepreßten Suspension. Die Durchmischung ist so weitgehend und innig, daß von der Entstehung eines Mörtels gesprochen werden kann. Für Mörtel bzw. Suspension werden vorteilhaft entweder

- thermoplastische
- elastomere
- duromere organische Bindemittel

herangezogen oder hydraulische Bindemittel wie

- Portlandzement
- Eisenportlandzement
- Hochofenzement
- Zement mit erhöhter Sulfatbeständigkeit
- Kalk
- Schnellzement
- Tonerdezement oder Bentonit.

Die Erstarrungszeit des Mörtels kann durch an die jeweiligen Bedingungen anzupassende Zusätze gesteuert werden.
Die Zugabe eines

- Fließmittels
- Verflüssigers
- Luftporenbildners
- und/oder Stabilisators

kann zu weiteren Verbesserungen und Modifizierungen führen.
Eine Verbesserung der Penetrationsfähigkeit und/oder Beständigkeit des Mörtels und/oder der Suspension wird durch Zugabe von Kunststoffzusätzen, vorzugsweise auf Acrylat- und/oder Styrolbutadienbasis, erreicht.
Die Stahlschalung dient zunächst als Stützschalung für den vorhandenen, einsturzbedrohten Kanal, insbesondere während der Spülphase. Wird schließlich Suspension eingepreßt, ist die Spezialschalung als Innenschalung wirksam, d.h. um sie baut sich der neue Kanalkörper aus Boden, Resten des Altbestandes und Suspension auf. Da sich die Schalung dem vorhandenen Kanalprofil anpaßt, fallen Querschnittsverminderungen nicht ins Gewicht.

Arbeitsablauf
Der Arbeitsablauf gliedert sich in die im folgenden skizzierten Phasen:

Vorbereitung
Der Sanierungsabschnitt (z.B. zwischen zwei Einstiegen) mit einer Länge von 30 bis 50m wird für einige Tage außer Betrieb gesetzt. (Bei entsprechenden Verhältnissen können die Abwässer während der Arbeiten in einem im Profil liegenden Rohr abgeleitet werden.) Die Hausanschlüsse werden verschlossen, die Abwässer über die Putzschächte provisorisch abgeleitet. Der Einbau der Schalungselemente erfolgt von einer Kammer aus beginnend.

Spülphase
Die in die Schalungswand montierten Düseneinsätze sind so konstruiert, daß die Düsen infolge Wasserdrucks eine rotierende Bewegung ausführen können. Der Schneidstrahl aus Wasser wird mit Drücken von 400 bis 1200bar auf die schadhafte Kanalwand gerichtet, löst lockeres Material, entfernt die Sielhaut und zerstört das anstehende Gefüge. Der örtlich entstehende Überdruck wird durch jene Öffnungen in der Schalung abgebaut, an die die Ableitung anschließt.

Einpreßphase
Die Suspension - vorzugsweise Zementsuspension - wird eingepreßt und durch Drehbewegung der Düsen mit Bodenmaterial und Altbestand vermischt. Nach Erreichen der geforderten Mindestfestigkeit kann die Schalung umgesetzt (abgebaut) werden.

5.1.3. BESCHICHTUNGEN

AUSSCHLEUDERN - SPRITZVERFAHREN

Diese beiden Verfahren werden unter Pkt. 5.2.1. bzw. 5.2.3. ausführlich behandelt, da sie als abdichtende wie auch als abdichtende und mit(selbst)tragende Systeme (Schichtstärke!) eingesetzt werden können.

5.1.4. TEILAUSKLEIDUNGEN

MÖRTELAUSBESSERUNGEN

Werkstoffe

- Zementgebundene vor Ort hergestellte Mörtel
- Zementgebundene Fertigmörtel
- Modifizierungen der oben genannten Mörtel mit geeigneten Kunststoffdispersionen zur Verbesserung bestimmter vorgegebener Eigenschaften, jedoch mit Einschränkungen (5/18).

Vorarbeiten und Reinigung des Untergrundes

- Entfernen der losen Teile
- Entfernen von erhärtungsstörenden Substanzen ("Schmierfilm").

Verfahren

Strahlverfahren
Sollen die Oberflächen eines Sammlers saniert werden, sind sie vorerst von allen Verunreinigungen zu befreien.

Vorhandene bzw. ausbaufähige Möglichkeiten (5/12)
- Dampfstrahlgeräte
- Sandstrahlen
  Vacublast-Verfahren ist ein weitgehend staubfreies Verfahren mit Rückgewinnung des Strahlmittels
- Wasserstrahlen und Wassersandstrahlen
- Flammstrahlen.

Da sich die angeführten Verfahren in geschlossenen Räumen, z.B. im Sammler, als problematisch hinsichtlich der praktischen Durchführung erweisen, sind für diese spezielle Anwendung zum Teil Weiterentwicklungen in Richtung Vollautomatisierung und Fernsteuerung notwendig.

Ultraschallreinigung (5/1)
Neue Dimensionen im Bereich der Reinigung könnten sich mit Hilfe des Ultraschalls abzeichnen. Elektrische Energie wird in hochfrequente akustische Energie mittels Ultraschallgenerator und keramischen PTZ-Schwingungselementen umgewandelt und auf die Reinigungsflüssigkeit übertragen. Dort bilden sich unzählige winzige Bläschen, die wieder implodieren. Beim Implodieren (Zusammenbrechen) dieser Hohlräume prallt die Flüssigkeit mit großer Kraft auf die zu reinigende Oberfläche; durch die pulsierende Wirkung wird diese gereinigt. Was die praktische Anwendung betrifft, bedarf diese Mögichkeit noch entsprechender Weiterentwicklung.

Manuelle Verarbeitung

- Festlegen der volumsmäßigen Mischungsanteile entsprechend einer durchgeführten Eignungsprüfung.
- Für die Verarbeitung von Kleinmengen ist die Verwendung werksgemischter Fertigmörtel zweckmäßig.
- Für die manuelle Verarbeitung von Mörteln sind die einschlägigen technischen Regelwerke (z.B. DIN 1053) einzuhalten (5/25).

Maschinelle Verarbeitung (Spritzputzverfahren)

Bei Ausbesserungsarbeiten, die ein Flächenausmaß (Gesamtausmaß) von ca. $100m^2$ überschreiten, kann/soll der maschinellen Verarbeitung (Auftrag) des Mörtels der Vorzug gegeben werden. Die entsprechenden Voraussetzungen (Eignungsprüfung, Förderlänge, lichte Höhe/Breite des Querschnitts) sind vor Beginn der Arbeiten sicherzustellen; als Richtlinien gelten die Vorgangsweisen gemäß (5/2).

AUSKLEIDUNGEN MIT FERTIGTEILEN

Detaillierte Behandlung - siehe Pkt. 5.2.4.

AUSKLEIDUNGEN MIT KUNSTSTOFFEN

Detaillierte Behandlung - siehe Pkt. 5.2.5.

5.1.5. SANIERUNG VON ROHRVERBINDUNGEN

BEGEHBARE KANÄLE

Für die nachträgliche Dichtung von Rohrverbindungen schliefbarer und begehbarer Kanäle existieren mehrere Methoden. Bei Sanierungsverfahren, die aufgrabungsfrei aus dem Rohrinneren anzuwenden sind, läßt sich die Dichtheit der Rohrverbindung durch Einstemmen dauerelastischer Dichtringe, Einpressen von Hartschäumen oder Anbringen einer Spezialmanschette herstellen. Sofern es die örtlichen Verhältnisse zulassen und die schadhafte Rohrverbindung freigelegt werden kann, ist es möglich, sie durch Ummantelung mit einer Schrumpfmanschette, Einpressen von Hartschaum in den Dichtungsbereich oder - im Fall eines separaten Verbindungselementes - durch Austausch desselben nachzudichten.

NICHT BEGEHBARE KANÄLE

Aufgrund des im folgenden skizzierten Verfahrens (Abb. 5.8) lassen sich einzelne undichte Muffen ohne Aufgrabungen sanieren.
In die zu behandelnde Schadstelle preßt man beim Abdichten eine Injektionslösung (Viskosität entsprechend H_2O) ein; diese dringt in Poren und Hohlräume, wo sie zu einem elastischen, transparenten Gel erhärtet. Zur Überwachung des Abdichtungsvorganges werden Fernsehkamera und Monitor eingesetzt, die das Herstellen von Videoaufzeichnungen bzw. Bildschirmaufnahmen ermöglichen.
Mit Hilfe dieses Systems kann außerdem eine auf den Muffenbereich beschränkte Dichtheitsüberprüfung vorgenommen werden (Skizze 3).

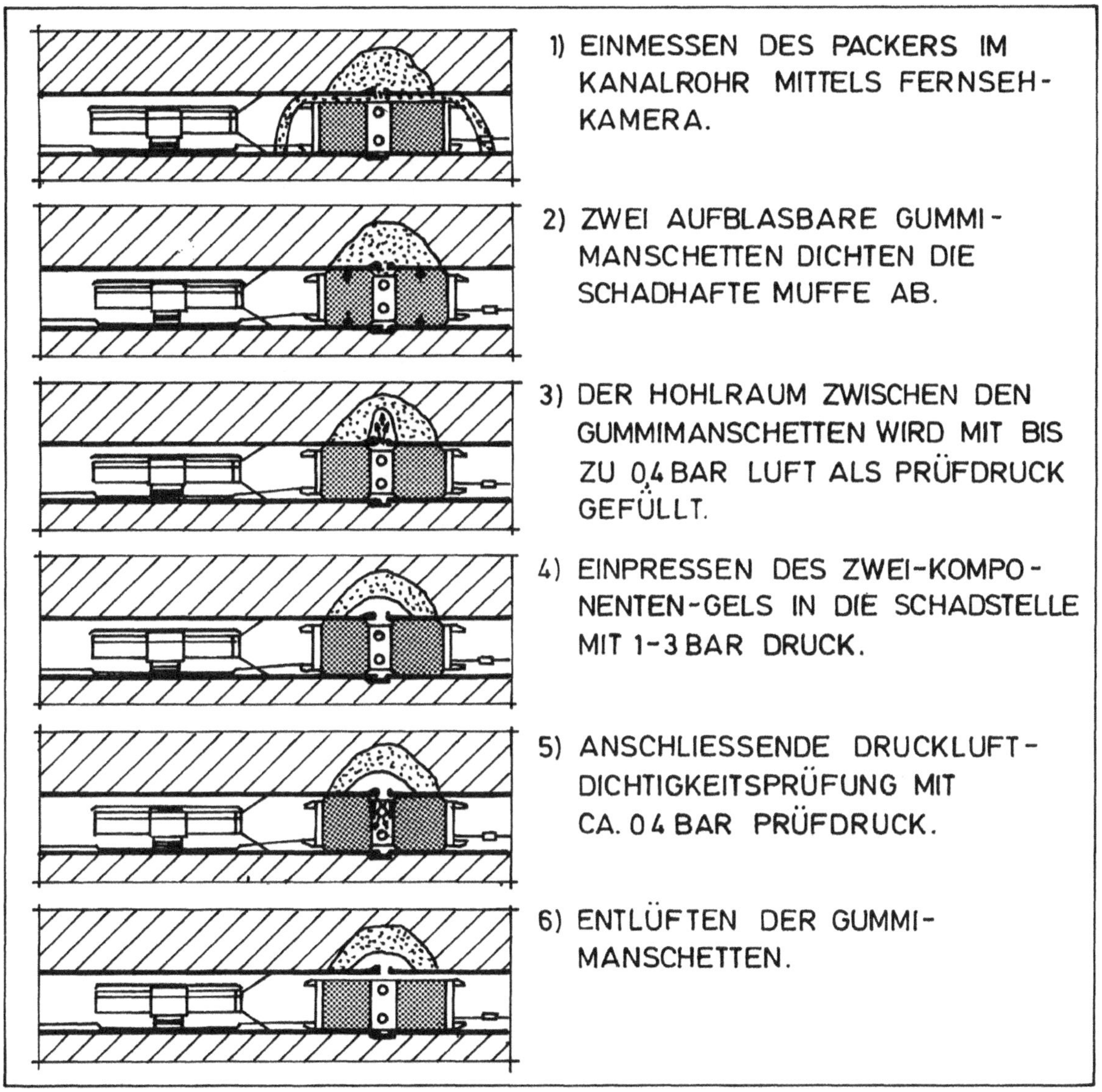

Abb. 5.8: Arbeitsablauf einer Muffensanierung

5.2. ABDICHTENDE, MIT- SOWIE SELBSTTRAGENDE SYSTEME

5.2.1. AUSSCHLEUDERN

Allgemein

Die Sanierung in Gebrauch stehender, alter Kanalleitungen kann mit Hilfe verschiedener Methoden durchgeführt werden, so auch mit dem Schleuderverfahren.

Bei diesem Verfahren erhält die alte Leitung eine neue Auskleidung aus Zementmörtel, Kunststoff oder einer Kombination aus beiden Materialien; für die Sanierung alter Kanäle wird jedoch vorwiegend Zementmörtel verwendet. Durch die Auskleidung sollen Schadstellen infolge von starker Korrosion, Rissen, undichten Rohrverbindungen etc. saniert werden, wobei auch Löcher bis zu 8cm wieder dicht verschlossen werden können. Überdies wird durch die neue Auskleidung die Rauhigkeit der Leitung erheblich reduziert.

Durchführung

Vor Beginn der Auskleidungsarbeiten sind ca. alle 400m Arbeitsöffnungen von etwa 2m Länge zur Bedienung herzustellen. Zwangspunkte bei der Anordnung der Öffnungen sind scharfe Leitungsknicke, Bauwerke jeder Art, wie Abstürze, Schotterfänge. Die alte Leitung ist von Ablagerungen, Inkrustationen u.ä. zu reinigen, am besten mit Federstahlmolchen oder Hochdruckspülung.
Die eigentliche Ausmörtelung erfolgt mit einer Spezialmaschine, die mit einer stufenlos steuerbaren Winde durch das Sanierungsstück gezogen wird. Das Mörtelgemisch wird über eine Schlauchleitung zur Maschine gepumpt, dort über den Schleuderkopf an die bestehende Rohrwandung geschleudert und danach mit rotierenden Kellen geglättet.
Ab einem Rohrdurchmesser von 600mm wird die Maschine im Rohr selbst von einem Arbeiter bedient; bei größeren Durchmessern kann der Mörtel mit Zubringerwägen zur Maschine transportiert werden.
Nach der Auskleidung werden die Hausanschlußleitungen gesäubert (Absaugung des Zementmörtels), das Rohr verschlossen, um eine starke Austrocknung zu vermeiden.
Nach dem Schließen der Arbeitsöffnungen kann der Kanal wieder in Betrieb genommen werden.

Zusammenfassung

Das Schleuderverfahren erlaubt eine wirtschaftliche Sanierung von Leitungen ab einem Durchmesser von 80mm. Es zeichnet sich durch kleine Arbeitsöffnungen sowie eine geringe Querschnittsverringerung aus und wird vor allem bei Kreisquerschnitten angewendet, doch auch bei Eiprofilen.

Je nach Zusammensetzung der Abwässer (pH-Wert) wird Zementmörtel oder kunststoffmodifizierter Zementmörtel zur Auskleidung eingesetzt.

Die Technik des Schleuderverfahrens ist bis zu einem Durchmesser von 2000mm anwendbar.

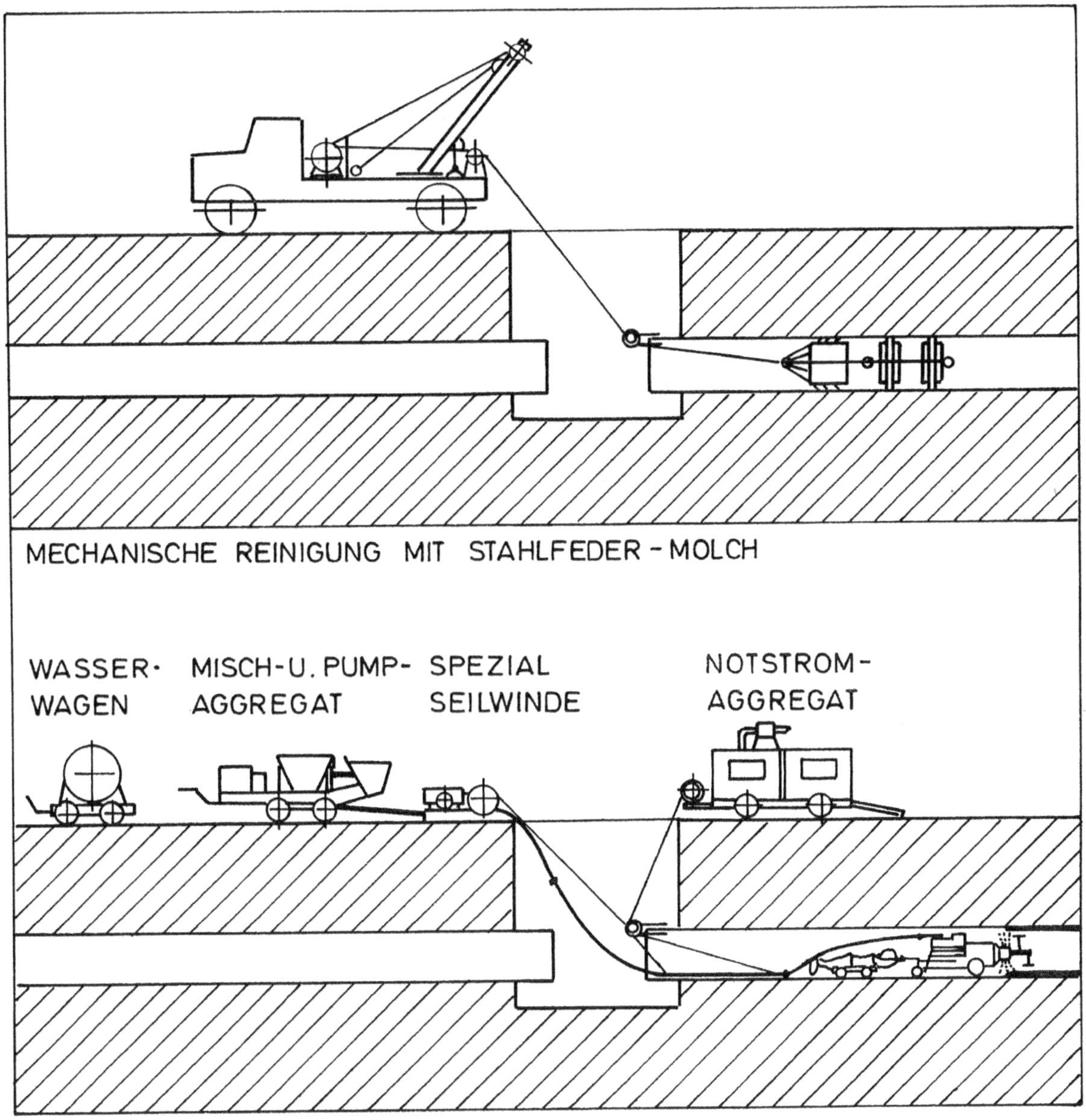

Abb. 5.9: Auskleidung mit dem Schleuderverfahren/Schema

5.2.2. ORTBETONAUSKLEIDUNG

Bei schadhaften Kanälen, deren Standsicherheit gefährdet ist, kann zwischen der bestehenden Kanalwandung und einer Innenschalung unter Verwendung von Pumpbeton eine den statischen Verhältnissen angepaßte Innenschale hergestellt werden.

Kurzcharakteristik des Verfahrens

Bei diesem Verfahren, das sich bei Kanalquerschnitten über 80cm anwenden läßt, kommt Pumpbeton mit Fließkonsistenz zum Einsatz. Die Stärke der eingebauten Schale ergibt sich aus statischen Überlegungen; sie beträgt bei günstiger Querschnittsform und entsprechender Betongüte wenige cm. Ist genügend Raum für eine entsprechende Betondeckung vorhanden, kann auch eine Bewehrung eingebaut werden.

Zur Erzielung eines Ausbreitmaßes von > 60cm gibt man dem Beton ein Zusatzmittel (ca. 2% des Zementgewichtes) bei; dadurch wird die Oberflächenspannung herabgesetzt, eine bessere Verteilung der Stoffteilchen erzielt und die Entmischung verhindert. Als weiterer Vorteil erweist sich die Selbstverdichtung des eingebrachten Pumpbetons, wodurch eine mechanische Verdichtung, die bei kleinen Kanalquerschnitten aus Platzgründen nur schwer und bei Einsatz pneumatischer Schalungen überhaupt nicht möglich ist, entfallen kann.

Durchführung

Die Reinigung bzw. Profilerweiterung entspricht dem unter Pkt. 5.2.3. erläuterten Verfahren der Kanalsanierung mit Spritzbeton. Als Schalung dient in der Regel ein aufblasbarer Sonderschlauch mit hochfester Gewebeeinlage für einen Betriebsdruck von 50kN/m^2 oder eine monolithische Sonderstahlschalung, die mit geeigneten Abstandhaltern lagerichtig gegen unerwünschte Bewegungen während des Betoniervorganges gesichert werden. Die Länge des Sanierungsabschnittes beträgt 5 bis 10m; die Abschalung erfolgt mit den Betonstärken angepaßten Elementen, die Öffnungen zur Kontrolle des Betonierfortschrittes aufweisen. Der auf der Baustelle gemischte oder aus einem Werk angelieferte Beton, dem vor Ort das Fließmittel zugegeben wird, wird mit Hilfe einer mobilen Pumpanlage über Betonierschlauch und -lanzen in den Raum zwischen Schalung und altem Profil gepumpt; Arbeitsfortschritt gegen die Gefällerichtung. Falls es die herzustellende Schalenstärke erlaubt, wird mit einem Drei-Lanzensystem betoniert, wobei zwei Betonierlanzen seitlich in halber Profilhöhe und eine Lanze im Kanalfirst situiert sind. Bei Stahlschalungen kommen Betonieranschlüsse zum Einsatz. Um Verstopfungen zu vermeiden, ist auf die Abstimmung von Förderschlauchdurchmesser und Größtkorn besonderes Augenmerk zu legen. Durch die im allgemeinen benötigte hohe Betongüte ist ein Ausschalen am Tag nach dem Betonieren problemlos möglich.

Parameter

Abschnittslänge: 5 bis 10m
Profilquerschnitt (min.): 80cm
Ausbreitmaß (min.): 60cm.

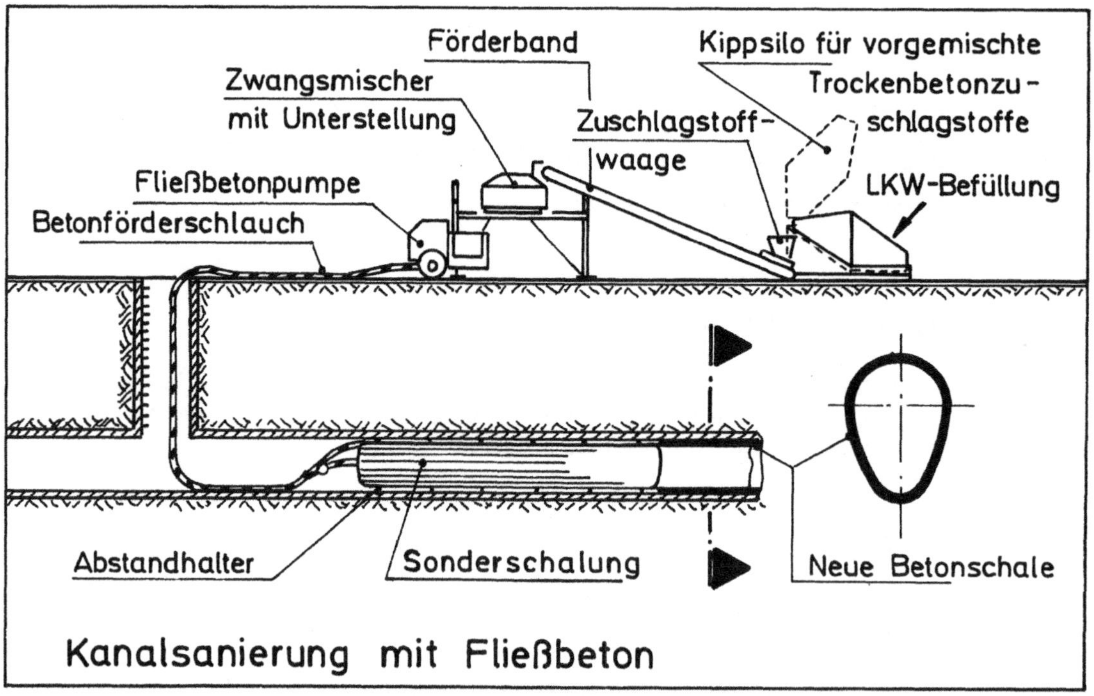

Abb. 5.10: Kanalsanierung mit Fließbeton/Schema

5.2.3. SPRITZVERFAHREN

Spritzbeton wird bei der Sanierung von Kanalbauwerken sowohl im Rahmen der Substanzverbesserung (abschnittsweises Ausbessern) als auch beim Umbau in geschlossener Bauweise herangezogen.

Kurzcharakteristik des Verfahrens

Die Spritzbetonbauweise weist in bezug auf den Kanalbau ein vielfältiges Anwendungsgebiet auf: Mit Hilfe dieser Technik kann eine dünne Verkleidung als Vergütungsschicht aufgebracht, wie auch eine tragfähige Innenschale als Ersatz der geschädigten Kanalkonstruktion hergestellt werden. Die Innenschale kann auch als Neukonstruktion anstelle des Altkanals zum Einsatz kommen.

Die Spritzbetonschicht läßt sich bei statisch günstigen Profilen unbewehrt, sonst mit einer Bewehrung einbauen. Aufgrund der Verfahrenstechnologie ist bei herkömmlichem Spritzbetonauftrag eine lichte Profilweite von 2m erforderlich; durch den Einsatz einer neuentwickelten Spritzbetondüse konnte dieses Maß auf 1,50m reduziert werden.

In einer ausgedehnten Versuchsreihe wurde hinsichtlich des Spritzgutes ein gegenüber der beim Wiener U-Bahnbau verwendeten Mischung modifiziertes Rezept entwickelt. Als Bindemittel wird sulfatbeständiger, trikalziumaluminatfreier Contragresszement eingesetzt. Einen wesentlichen Parameter für die Aufbringung des Spritzbetons stellt die Dosierung des Erstarrungsbeschleunigers dar, da einerseits der Rückprall minimiert, andererseits die Glättmöglichkeit noch einige Zeit nach dem Aufbringen gegeben sein sollte. Als Optimum erweist sich die Zugabe von 5 Gew.-% Erstarrungsbeschleuniger, bezogen auf den Bindemittelanteil; damit ist die Glättfähigkeit bis zu 30 Minuten nach dem Einbau vorhanden.

Arbeitsablauf

In einem ersten Arbeitsschritt wird der zu sanierende Kanalabschnitt von Verschmutzungen und losen Teilen unter Verwendung eines Hochdruckwasserstrahles gereinigt. Mit diesem Hochdruckstrahl kann bei Bedarf der bestehende Kanalquerschnitt durch entsprechenden Abtrag der alten Konstruktion zur Erzielung eines möglichst großen Durchflußquerschnittes erweitert werden.

Da der Spritzbetonbedarf pro Zeiteinheit relativ gering ist, wird die Trockenmische in der Regel von einem Transportbetonwerk angeliefert, in einem Zwischensilo gelagert und über die Spritzmaschine zur Spritzdüse gebracht. Nach Zugabe von Wasser und Spritzhilfe wird der Spritzbeton in erforderlicher Stärke auf die Kanalwandung aufgebracht, im letzten Arbeitsschritt das Profil innerhalb der vorgegebenen Zeit geglättet.

Da die konventionelle händische Führung der Spritzdüse wegen der engen räumlichen Verhältnisse in einem Kanalprofil ein gleichmäßiges Torkretieren erschwert und der Düsenführer durch den Rückprall stark sichtbehindert ist, wurde ein Doppelknick-Düsenrohr entwickelt. Die Spritzvorrichtung ist so gelagert, daß die in der Rohrachse gehaltene Düse um 360^0 gedreht werden kann; der Düsenführer befindet sich 2m hinter der Düse. Bei dieser Methode lassen sich auch kleinere Profilgrößen ab einem Durchmesser von 1,50m bearbeiten, da der Minimalabstand zwischen Düse und Kanalwand nur 70cm beträgt.

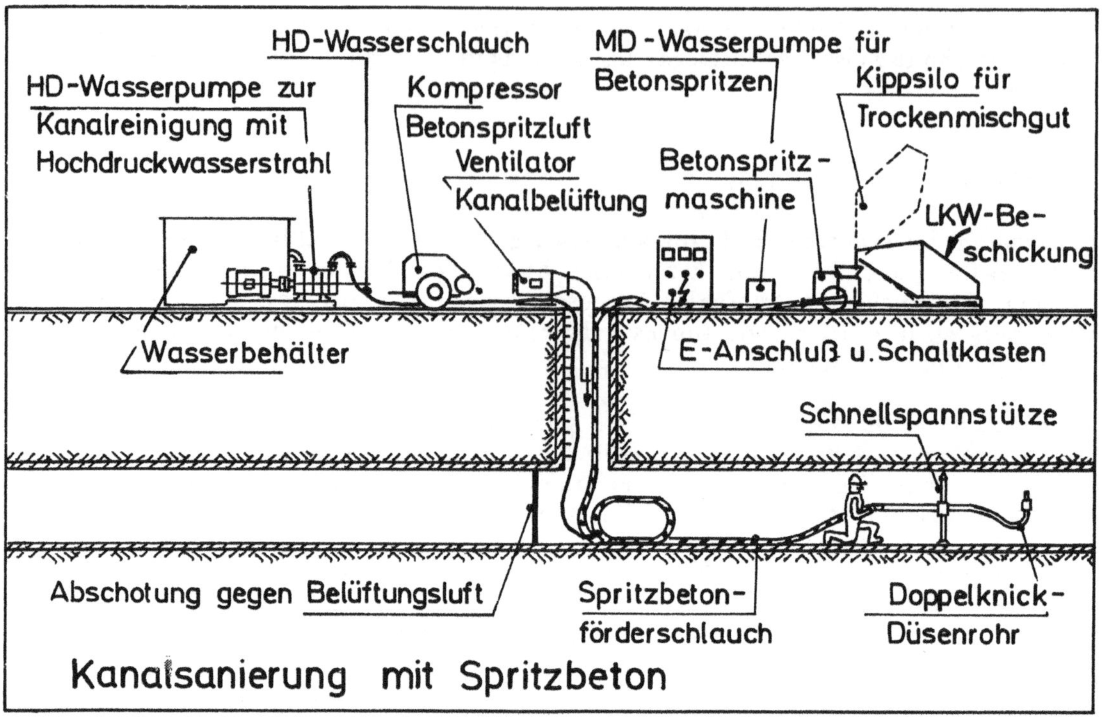

Abb. 5.11: Kanalsanierung mit Spritzbeton/Schema

Parameter der Methode

Profilweite (min.): 2m; bei neuem Verfahren 1,50m
Nacharbeitsfrist: 30min.
Ausführung: bewehrt oder unbewehrt.

Spezialspritzverfahren als selbsttragende Spritzbeton-Sperrschicht

Das Verfahren ist für die Sanierung von schliefbaren Ei-Profilkanälen 60/90 bis 140/210, Kreisprofilkanälen ab einem Durchmesser von 80cm, Maul- und Sonderprofilen anwendbar.

Es ermöglicht eine unterirdische Sanierung ohne Aufgrabungen. Die Spritzbeton-Sperrschicht übernimmt die volle statische Tragfähigkeit bestehender Kanäle bei minimaler Querschnittsverengung; z.B. beträgt die Spritzbeton-Sperrschicht bei der Sanierung eines Ei-Profiles 80/120 nur 18mm.

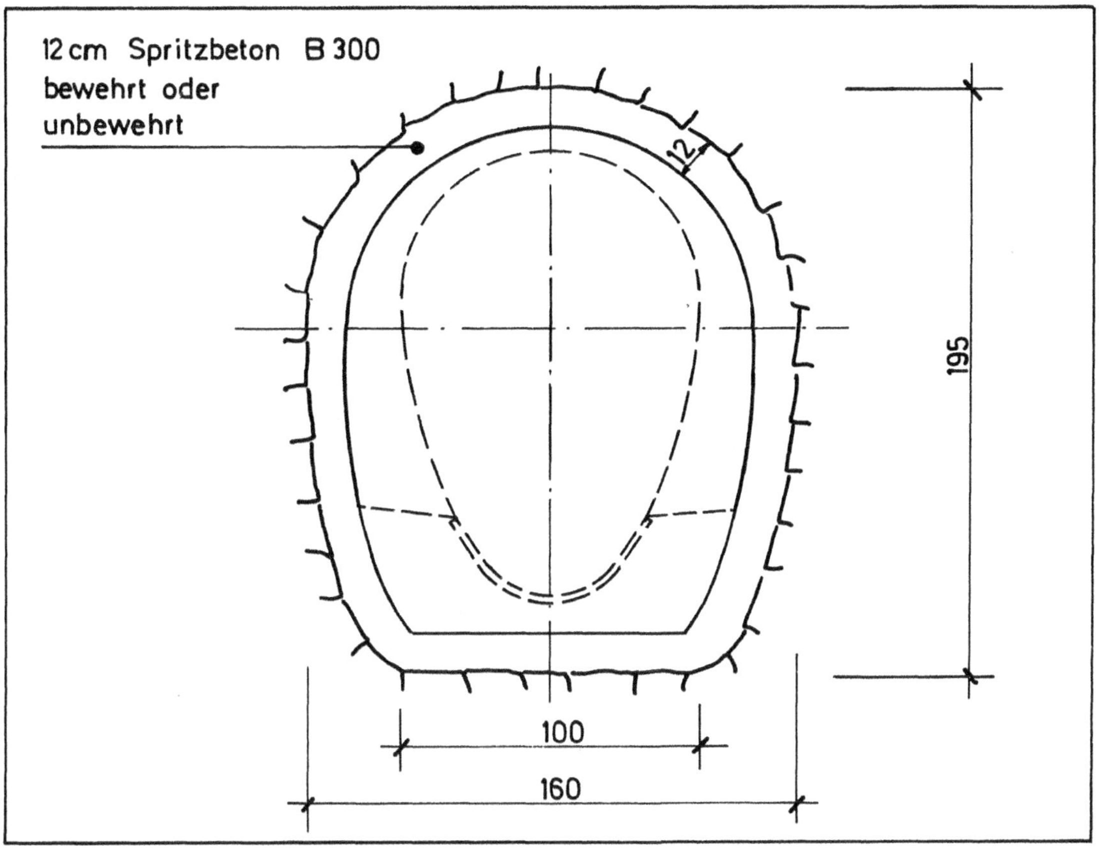

Abb. 5.12: Spritzbetonauskleidung/Schnittdarstellung

Arbeitsvorgang
Die zu sanierende Kanalstrecke wird mit Hochdruckspülwagen gereinigt und danach auf ca. 1 Kammerlänge mittels pneumatischen Profilabsperrungen abgeschlossen, das anfallende Kanalwasser entweder durch eine gesonderte Kanalleitung im Profil abgeführt oder über Niveau umgepumpt.

Der nächste Arbeitsabschnitt sieht die Ablösung der losen Teile der desolaten Kanalwände mechanisch oder mittels Hochdruckverfahren vor (Abb. 5.13 - als 1 und 2 bezeichnete Teile). Hierauf werden die Hohlräume bzw. Vertiefungen von innen händisch oder durch Maschineninjektion mit Spritzbeton ausgeglichen (Abb. 5.14 - schraffierter Teil mit der Bezeichnung SF 2). Anschließend trägt man die konstruktiv armierte Sperrschicht in der statisch erforderlichen Stärke mittels Spritzverfahren auf (Abb. 5.14 - SF 1).

Fallweise kann eine gesonderte Sohlenausbildung aus Fertigteilen, z.B. Polymerbeton-Dünnwand, oder mit einer nachträglich aufgebrachten Panzersohle vorgesehen werden.-
Abb. 5/15 zeigt die sanierte Kanalstrecke im Querschnitt.

Nach einer Aushärtungszeit von ca. drei Tagen kann die sanierte Strecke wieder in Betrieb genommen werden. Auch Abfallschächte, Einstiegschächte und sonstige Kammern werden nach dem gleichen Verfahren saniert.

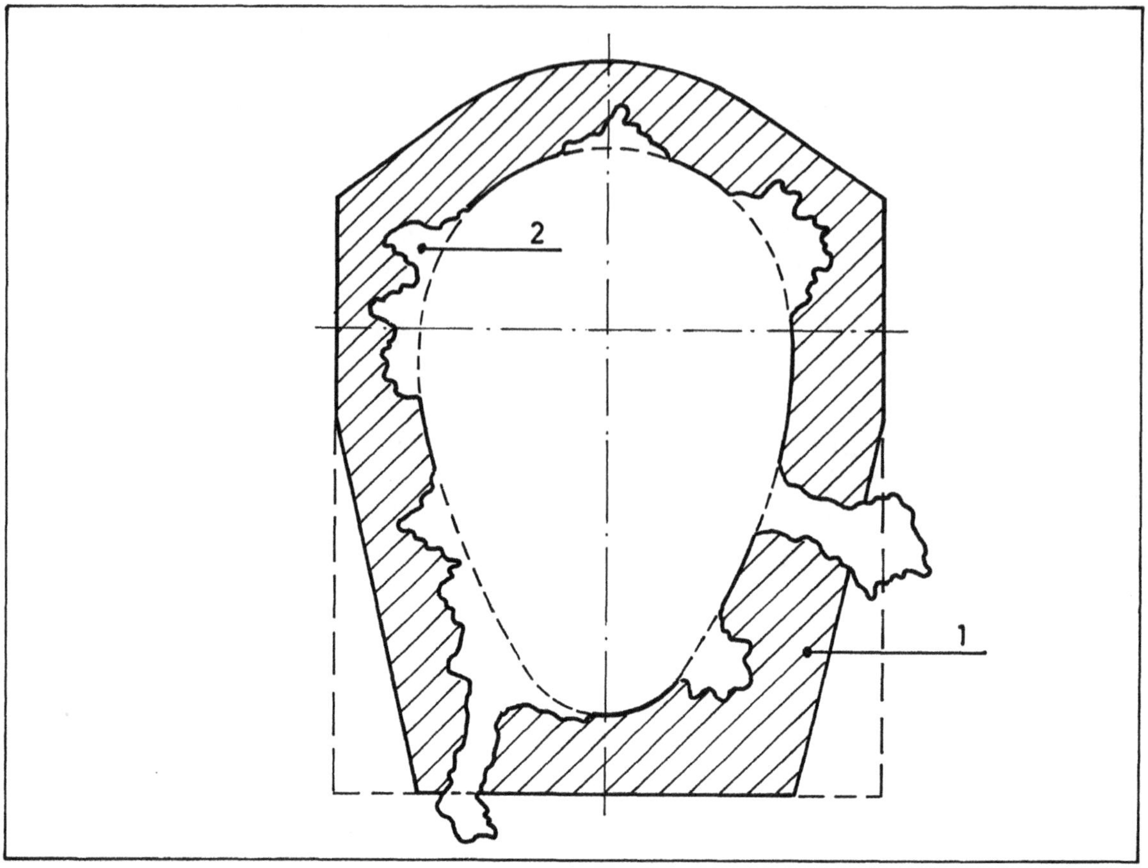

Abb. 5.13: Ablösung der losen Teile

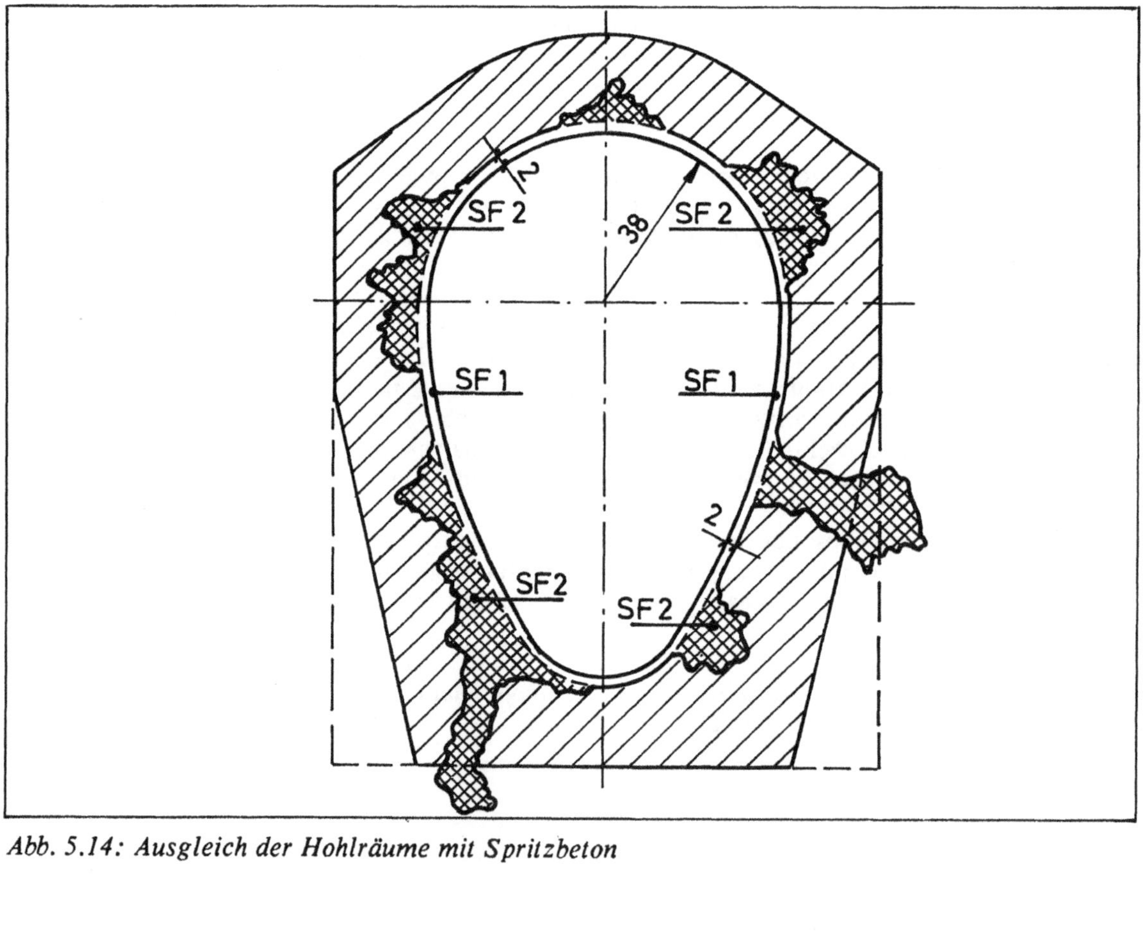

Abb. 5.14: Ausgleich der Hohlräume mit Spritzbeton

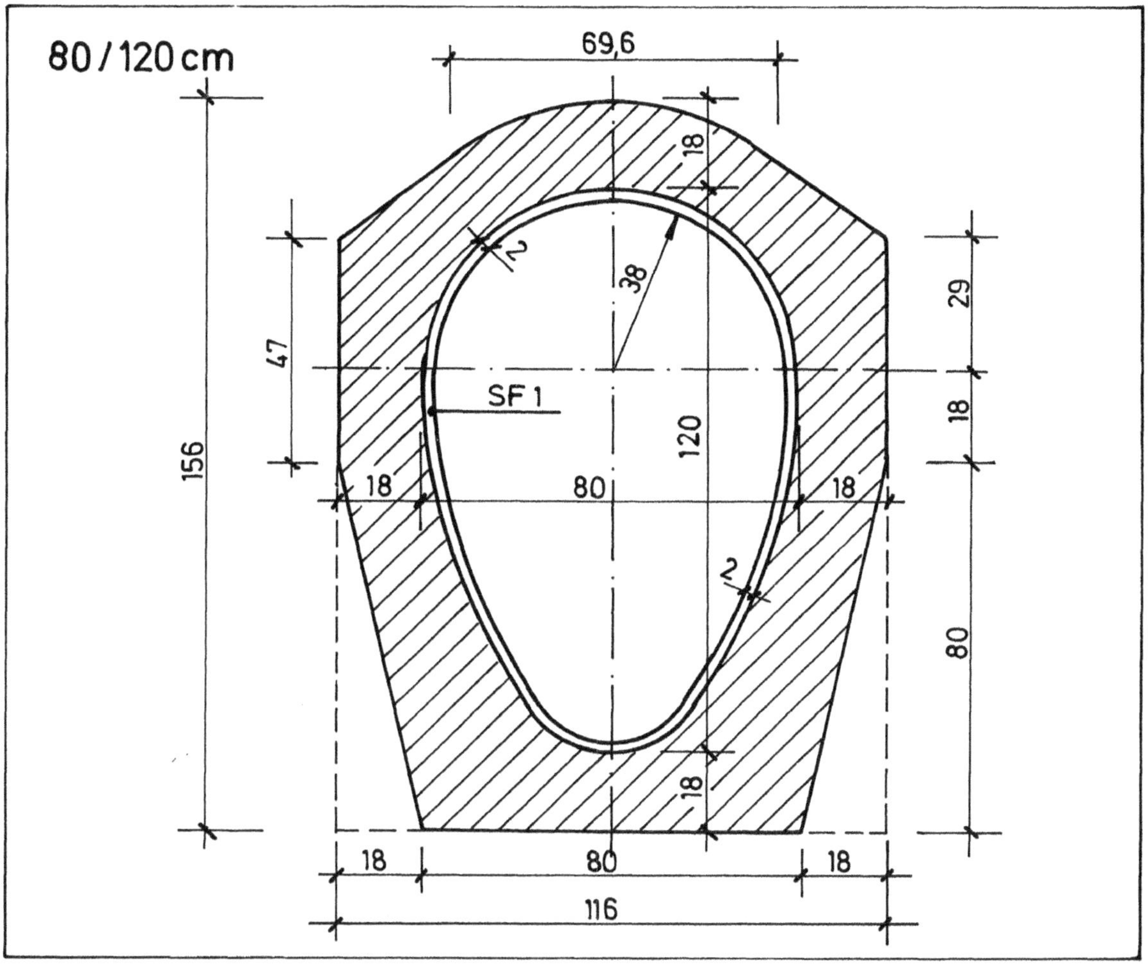

Abb. 5.15: Sanierte Kanalstrecke/Querschnitt

Vorteile

Die Sanierung erfolgt unterirdisch, der Verkehr kann voll aufrechterhalten werden. Die unterirdische Sanierung ist wesentlich schneller als ein adäquater Umbau nach konventioneller offener Bauart.

Das Kanalsystem wird vollständig flüssigkeitsundurchlässig.

Die angewendeten Materialien selbst sowie die Endprodukte werden in ihren Einzelkomponenten jahrzehntelang in der Bauwirtschaft eingesetzt und sind vollkommen umweltfreundlich.

Die aufgetragene Spritzbeton-Sperrschicht hat ausgezeichnete Hafteigenschaften; der Querschnitt wird nur in zu vernachlässigender Weise verringert, bzw. dies wird durch die vollkommen glatte Oberfläche kompensiert.

Die mit einer eigens dafür entwickelten Spritzpistole aufgetragene Spritzbeton-Sperrschicht ist extrem glatt, weist hohe Druck-, Zug- und Biegefestigkeiten auf und hat ein günstiges Trägheitsmoment sowie einen ausgezeichneten Elastizitätsmodul.

Der sanierten Kanalstrecke kann aufgrund des Spezialbetons eine längere Lebensdauer als einer neu gebauten vorausgesagt werden.

Die Abriebfestigkeit des Materials gegenüber mechanischer Beanspruchung ist wesentlich höher als bei den Baustoffen konventioneller Neubauten.

Das Verfahren kann bei jedem Altbestand eingesetzt werden, etwa Ziegelmauer-, Steinmauerwerk, Beton, Stahlbeton, Steinzeug, Stahl und Guß, wie auch für die Sanierung von Sonderbauwerken, Becken, Schächten etc.

5.2.4. FT-INNENAUSBAU

TEIL- UND VOLLAUSKLEIDUNG (TuV)

Allgemein

Die nachträgliche Auskleidung bestehender Kanäle kann mit vorgefertigten Bauteilen aus folgenden Werkstoffen durchgeführt werden:

- Konventionelle Fertigteile aus Stahlbeton (TuV)
- Fertigteile aus Glasfaserbeton (TuV)
- Sohlschalen aus Kompositwerkstoffen
- Sohlschalen aus keramischen und polymeren Werkstoffen.

TuV mit konventionellen Fertigteilen aus Stahlbeton Stb

Aus Gewichtsgründen ist diese Methode nur bei Profilen mit entsprechender Abmessung wesentlich. Für die Ausbildung der Stahlbeton-Fertigteile gelten die einschlägigen Regelwerke des konventionellen Stahlbetonbaus, insbesondere ÖNORM B 4200, 10. Teil.

TuV mit Fertigteilen aus Glasfaserbeton Gfb (5/22, 5/23)

Fertigteile aus Glasfaserbeton lassen sich in beliebiger schalenförmiger Geometrie erzeugen.- Ein Beispiel für die Mannigfaltigkeit der Form bringt Abb. 5.16.

Abb. 5.16: Sohl-, First- und Ulmteile für die Kanalvollauskleidung mit Fertigteilen aus Glasfaserbeton

Die wirtschaftliche Dicke beträgt rund 1,5 bis 2cm, Gewicht rund 40kg/m^2. Das Versetzen erfolgt in der Regel von Hand aus; die Distanzierung der Glasfaserbeton-Fertigteile vom bestehenden Bauteil wird durch Stellschrauben gewährleistet (Abb. 5.17). Die Fugen sind so auszubilden, daß die nachträgliche Verklebung mit polymeren Werkstoffen möglich ist (Abb. 5.18). Bei der Variante Teilauskleidung ist das Verlegen von Sohlschalen aus Glasfaserbeton im Mörtelbett ebenso zielführend.

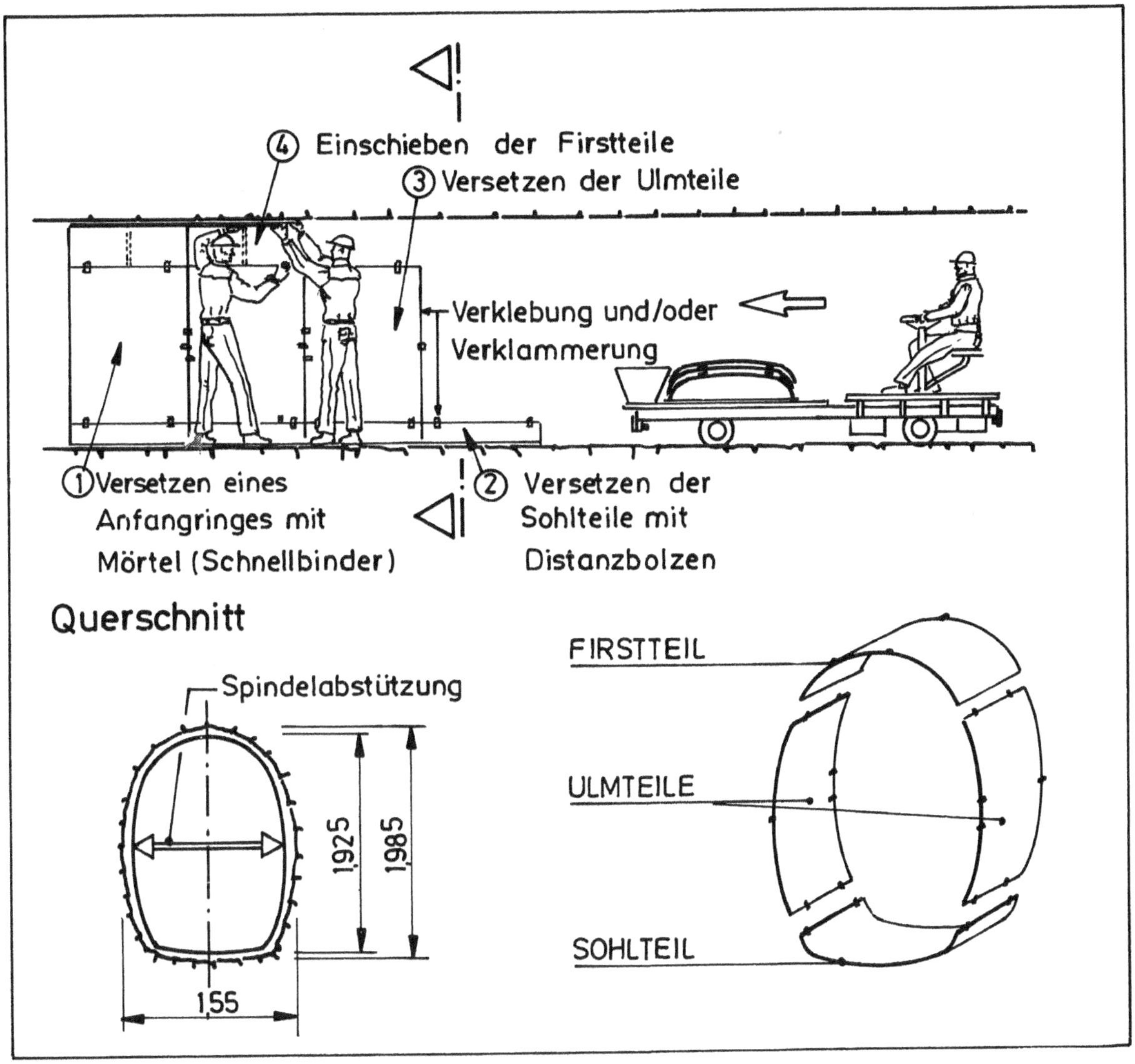

Abb. 5.17: Versetzen von Glasfaserbeton-Fertigteilen für die Kanalvollauskleidung/Schema

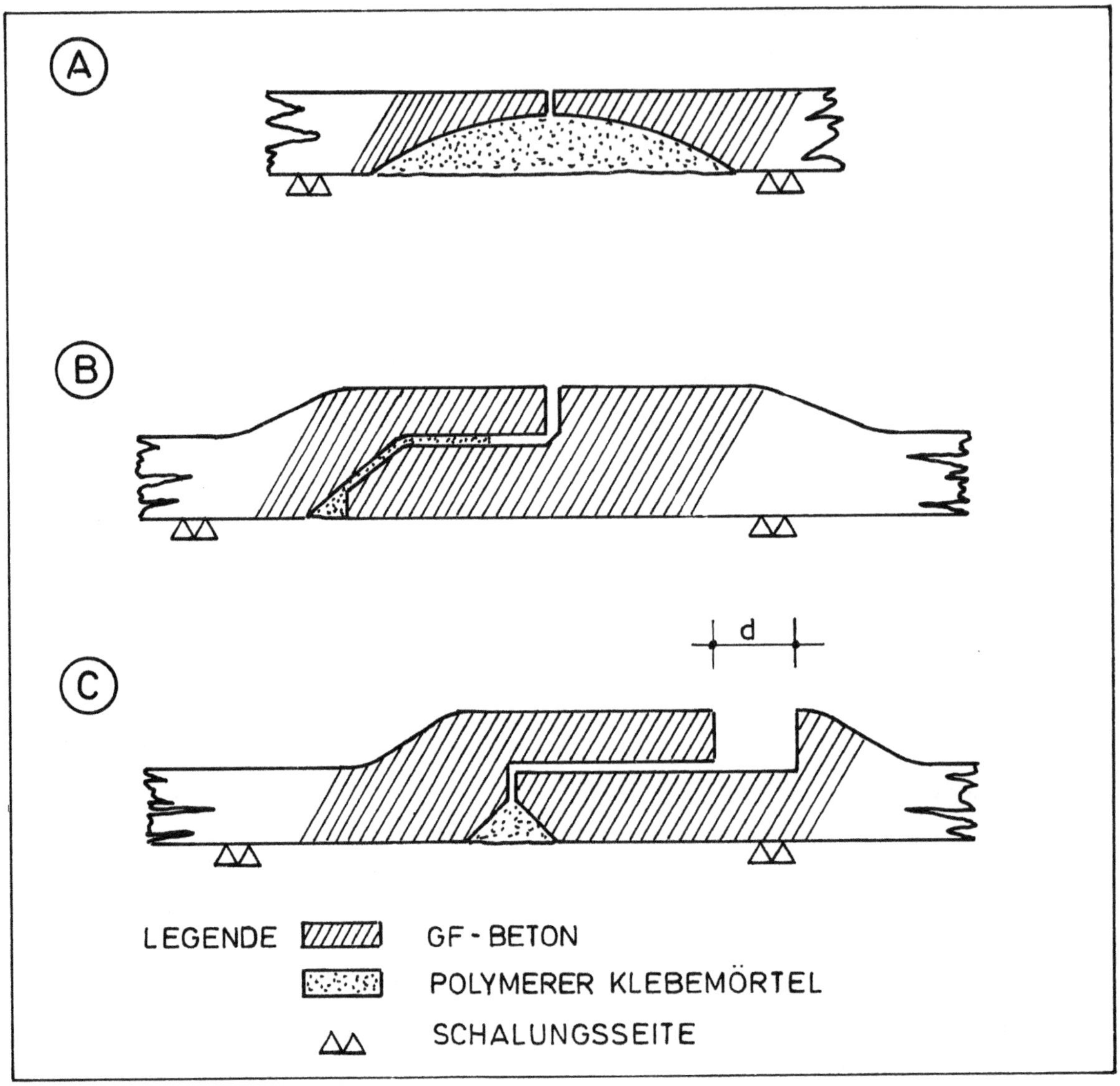

Abb. 5.18: Varianten zur Fugenausbildung gemäß den Abb. 5.16 und 5.17 (Variante C ausgeführt in Abb. 5.16)

Bei sehr starken chemischen Angriffen gemäß ÖNORM B 3305 kann eine Beschichtung der jeweiligen Bauteile aus polymeren Werkstoffen, z.B. Epoxidharz, vorgenommen werden. Speziell geformte Elemente werden nach dem Preßrohrvortrieb für die Herstellung eines geeigneten Profils verwendet (siehe Pkt. 5.3.1.).

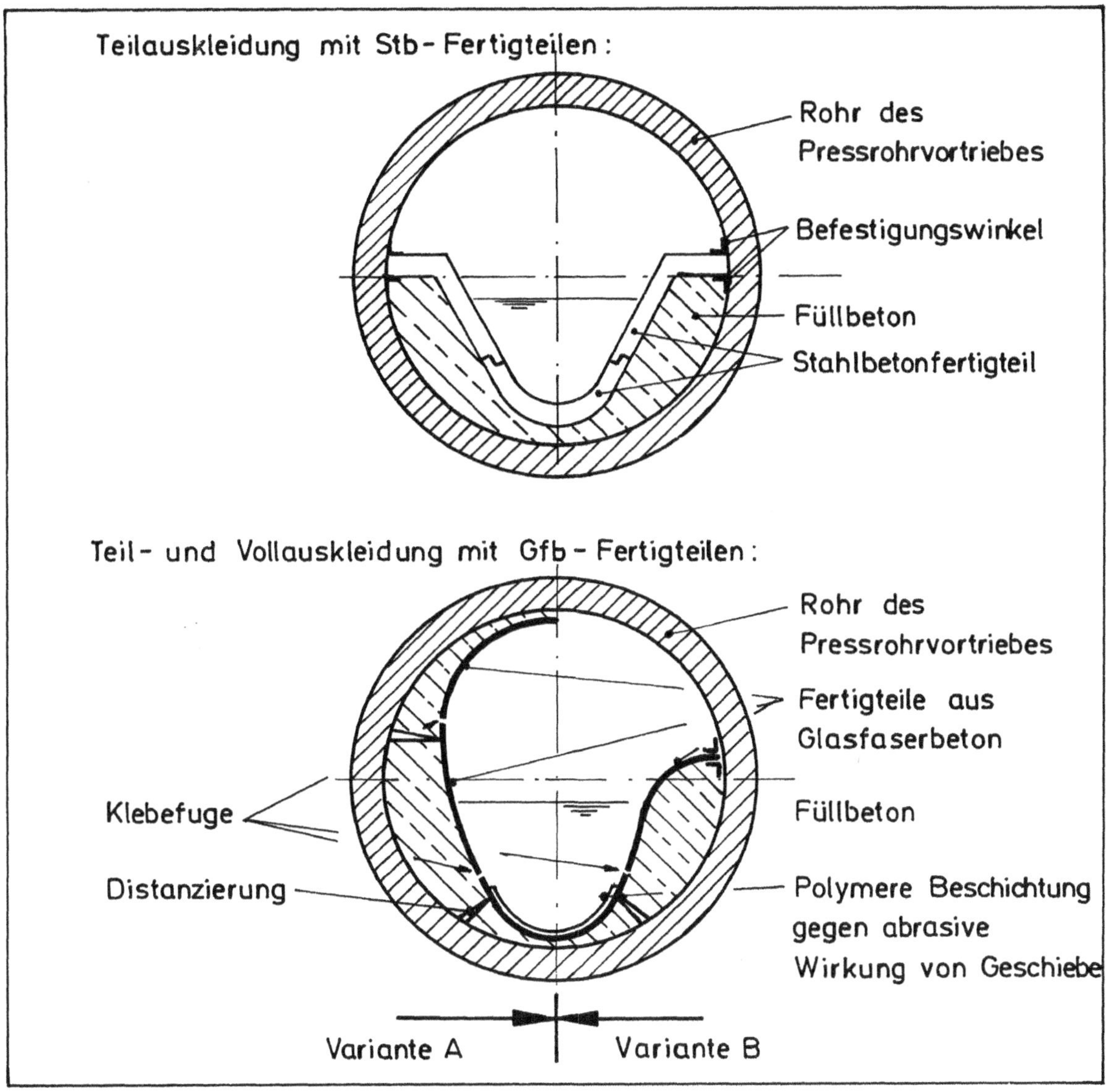

Abb. 5.19: Auskleidung mit Stahlfaser- und Glasfaserbeton-Fertigteilen

Sohlschalen aus Kompositwerkstoffen

Bei abrasiver Beaufschlagung der Kanalsohle kann Glasfaserbeton als Träger einer Verschleißschicht aus polymerem Mörtel eingesetzt werden, etwa EP mit Zuschlagstoff aus SiC, Al_2O_3. Die Sohlschalen bestehen aus Glasfaserbeton (d=1,5cm) mit einer polymergebundenen Verschleißschicht; sie sind mit Versteifungsrippen zu versehen und werden im Mörtelbett versetzt (Gewicht rund 65kg/m^2).

Sohlschalen aus keramischen und polymeren Werkstoffen

Sohlschalen aus keramischen Werkstoffen

Eine Auskleidung mit keramischen Sohlschalen und Wandplatten gewährleistet eine gute Anpassung an alle Profilformen. Das keramische Material ist im Zementmörtelbett zu verlegen.

Sanierung von Profilkanälen mit einer Innenauskleidung aus Polymerbeton

Sanierungsbedürftige Profilkanäle können mit einer Innenauskleidung aus Polymerbeton versehen werden. Diese besteht aus zwei Teilen, die mit horizontalen Längsnuten und -federn zusammengesetzt werden. Die Verbindung zwischen den einzelnen Elementen im Stoß erfolgt durch eine Muffe. Die Dichtheit an den Verbindungsstellen wird durch elastisches Fugenmaterial hergestellt. Die Standardlänge der Elemente beträgt 1m. Polymerbeton zeichnet sich durch hohe Festigkeit, hohe chemische Beständigkeit und Abriebfestigkeit aus.

Arbeitsschritte
Erforderlichen Schacht von 1,2m Länge und Breite je nach Profilgröße herstellen.
Sanierungsbedürftigen Kanal von losen Oberflächenbestandteilen freimachen.
Vorbetonieren einer waagrechten, im Gefälle befindlichen Sohle.
Freien Querschnitt mit Lehre überprüfen.
Einbringen der unteren Polymerbetonhälfte. Auftragen der elastischen Fugenmasse mit einer Druckluftpistole und obere Hälfte aufsetzen.
Auftragen der Verfugmasse in der Muffe.
Einziehen des nächsten Teiles (z.B. mit Hubzug) in den Kanal. Zusammenschließen mit dem bereits eingebrachten Teil.
Absichern des aufgemufften Teiles gegen Aufschwimmen bzw. seitliches Ausbrechen.
Restraum zwischen Altkanal und eingebrachter Innenauskleidung mit Fließbeton ausgießen.

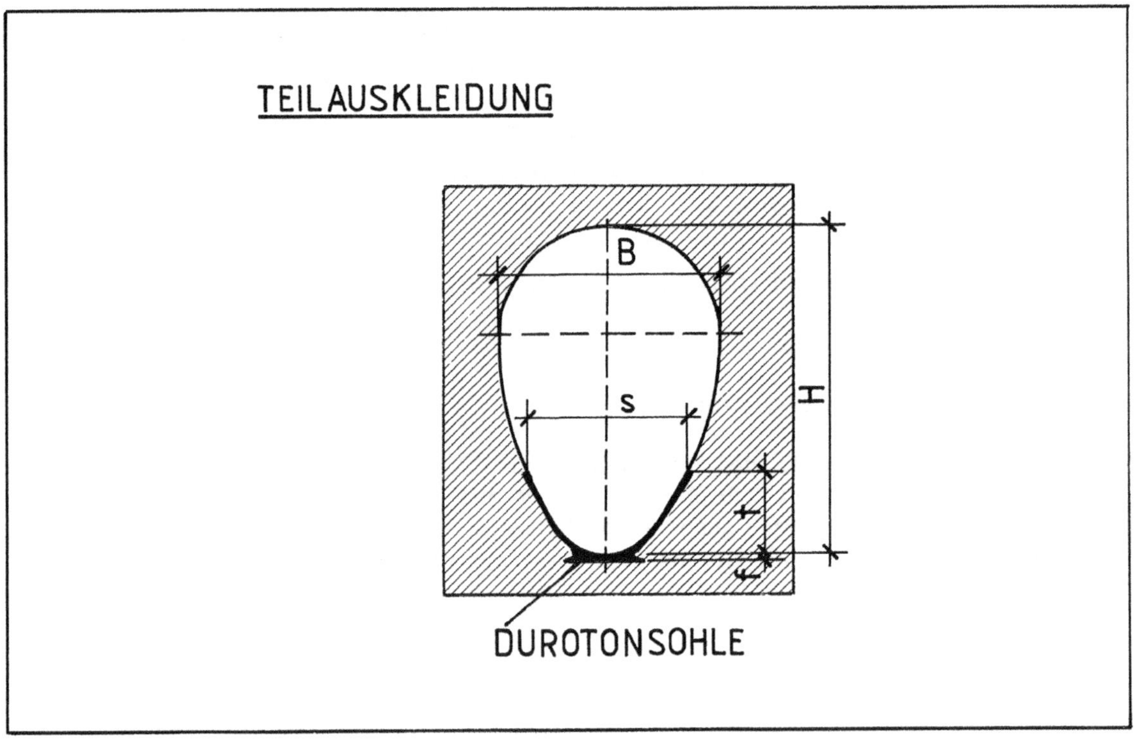

Abb. 5.20: Teilauskleidung

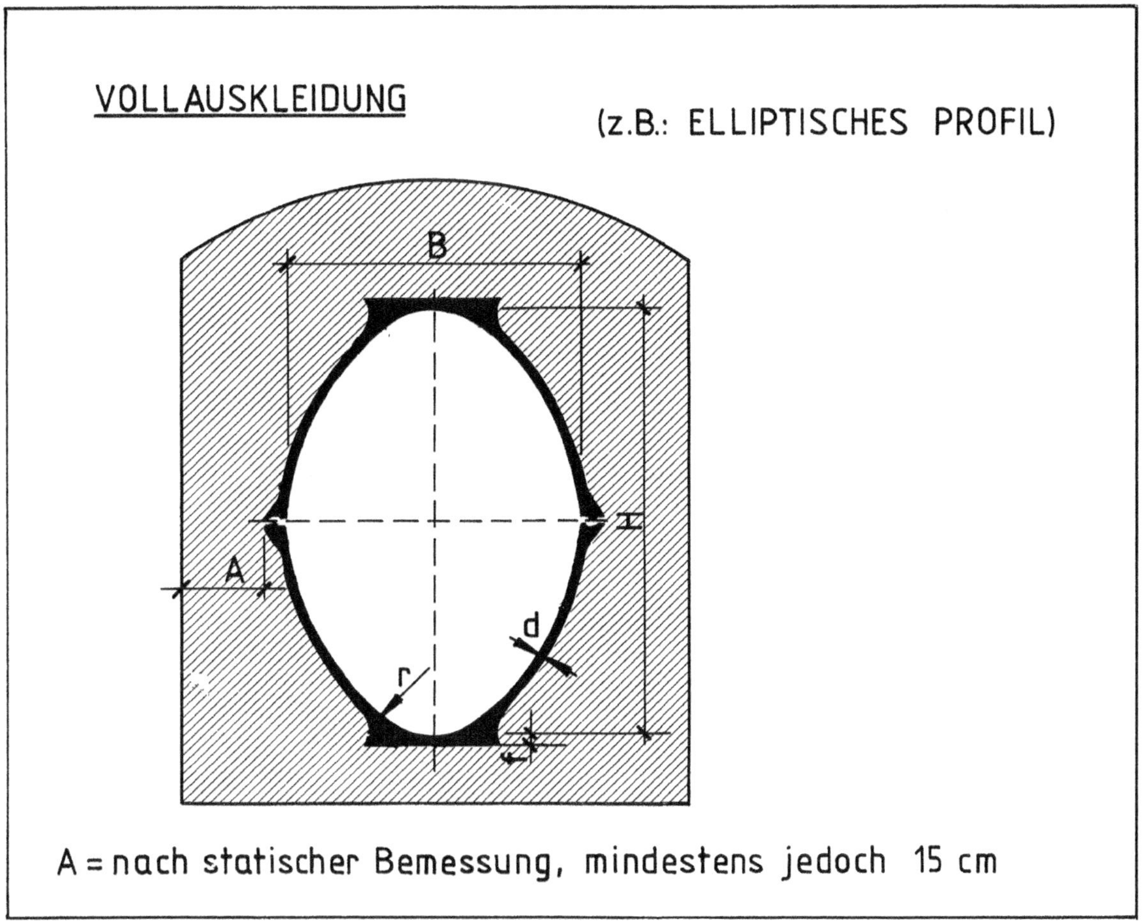

Abb. 5.21: Vollauskleidung

5.2.5. EINZIEHVERFAHREN

Bei der Kanalsanierung wird mit der Methode des Einziehverfahrens in ein bestehendes schadhaftes Kanalrohr ein neues Rohr aus Kunststoff PE hart eingezogen. Vor Beginn der Arbeiten ist der Altbestand, wie Durchmesser, Einmündungen, Trassenverlauf, genau zu erheben. Basierend auf diesen Angaben können die Einfädelungsbaugruben, die maximal einsetzbaren Rohraußendurchmesser, Baugruben für die Hausanschlußleitungen etc. festgelegt werden. Die Größe der Einfädelungsbaugruben hängt von der Tiefenlage des vorhandenen Kanals und dem Rohrdurchmesser (Biegeradius) ab. Die Baugruben sind alle 300 bis 400m (maximale Ziehlängen), an allen Knickpunkten mit starken Richtungsänderungen anzuordnen. Bei sämtlichen Kanalanschlußleitungen müssen Baugruben zur Einbindung der bestehenden Anschlüsse in das neue Rohr hergestellt werden.
Vor dem tatsächlichen Einziehen des Rohres ist der bestehende Kanal im Bereich der Einfädelungsgruben zu öffnen. Der Kanal wird sodann gereinigt; Verkrustungen sind mit speziellen Schneidköpfen zu entfernen, an der Einfädelungsstelle scharfe Kanten und Grate; mit Druckrollen, Bohlen oder Holzbalken ist eine Beschädigung des neuen Rohrstranges zu vermeiden (Querschnittsschwächung durch Riefen). Das in gesamter Länge auf Rolle angelieferte oder vor Ort aus Einzelrohren zusammengeschweißte Rohr wird mit einer Motorwinde eingezogen. Am Beginn des zu ziehenden Rohres wird ein spezieller Ziehknopf entweder über eine Schweiß-, Flansch- oder eine Bolzenverbindung montiert. Der Ringspalt zwischen eingezogenem und bestehendem Rohr wird mit einer geeigneten Masse verdämmt.

Danach werden die Anschlüsse hergestellt, in vorhandenen Schachtbauwerken Reinigungsöffnungen vorgesehen. In den Einziehgruben wird das neue Rohr durch Einbetonieren lagemäßig gegen Verschiebungen fixiert. Bei statischer Belastung des Rohres werden altes Rohr, Verdämmasse und neues Rohr als Verbundquerschnitt berücksichtigt.

Die Methode des Rohreinziehens zur Sanierung bestehender Kanäle kann kostengünstig und technisch bis zu einer Nennweite von 1300mm angewendet werden. Vorteile stellen die rasche Durchführung und die geringe Beeinträchtigung von Verkehr und Bevölkerung durch kleinere Baugruben dar. Die durch das Verfahren bedingte Querschnittsverringerung muß nicht immer eine verringerte Abflußleistung zur Folge haben.

THERMOPLASTE, DUROMERE

Rohrmaterial
Polyäthylen-Kunststoffrohre; Durchmesser 63 bis 1600mm außen; wird von der Rolle oder als Stange angeliefert und außerhalb des Kanals verschweißt.

Verfahrensablauf
Für das Einzugsverfahren sind zwei Baugruben in max. 400m Entfernung (max. Einzugslänge) erforderlich. Die Größe der Einfädelgrube hängt von Rohrdurchmesser, Wanddicke, Außentemperatur und Tiefenlage der vorhandenen Leitung ab. Die Motorwinde für das Zugseil ist an der Zuggrube montiert.
Die einzelnen Rohrteile werden an Ort und Stelle zusammengeschweißt. Am Einzugsende wird ein konischer Zugkopf montiert, das Zugseil mit Spezialgeräten in die Leitung eingefädelt. Die neue Kunststoffleitung wird mittels Motorwinde vorsichtig in die schadhafte Leitung eingezogen, die Schweißnaht vor dem Einziehen einer Luft- oder Wasserprobe unterzogen. Nach dem Einziehen erfolgt eine Hauptdruckprobe. Zur Fixierung des Rohres wird der Ringraum mit gut fließbarem - z.B. kolloidalem - Zementmörtel verpreßt, am besten, solange das Rohr noch unter Druck steht. Der Abzweiger wird entweder vom letzten Putzschacht der Anschlußleitung mittels Automat oder vom Hauptsammler her angebohrt; Verbindung mittels angeschweißten Stutzens.

GFK-ROHRE

In der Mitte der einzelnen, etwa 500m langen, zu erneuernden Kanalabschnitte werden über einen Montageschacht glasfaserverstärkte Polyesterrohre ziehend geschoben in den Kanal eingebracht, danach der Raum zwischen Futterrohr und alter Kanalwand mit Zementmörtel ausgepreßt.

Verfahrensablauf

Vorarbeiten
Zustandsprüfung des Kanals: Hindernisse, wie Verstopfungen, Einstürze, durchhängende Rohrenden, vertikale und horizontale Richtungsbrüche sowie Querdistorsionen, müssen rechtzeitig erkannt werden. Das Kalibrieren der Leitung mittels Kalibriermolch stellt den Außendurchmesser der einzuziehenden Rohre sicher.
Abwasserprovisorium: Das Abwasser des Straßenkanals und der Hausanschlüsse wird über provisorische Leitungen in den Kanal unterhalb des Sanierungsabschnittes geführt.
Aufnahme der Hauskanalanschlüsse: Für die spätere Wiederherstellung.
Verschließung der Hauskanalanschlüsse durch Rohrstopfen.
Herstellung der Anlaßgrube: In der Mitte der einzelnen, etwa 500m langen Kanalabschnitte.
Montage der zum Ziehen/Schieben der Rohre notwendigen Winde.

Hauptvorgang
Die Rohre werden über die Anlaßgrube eingebracht und mit der Winde in den bestehenden Kanal gezogen; Kraftübertragung über die an einer Einziehstange befestigte Schiebeplatte; diese ist in ihrer Größe auf den Rohrquerschnitt abgestimmt. Während des Einziehvorganges wird ein reibungsminderndes Mittel zwischen Kanalrohr und Einziehrohr eingebracht.
Die Verbindung der einzelnen Rohrschüsse erfolgt durch Kupplungen, die bündig oder überstehend hergestellt werden, bzw. durch Glockenmuffen, wobei die dauerelastischen Dichtringe im allgemeinen bereits im Herstellerwerk aufgebracht werden. Bei begehbaren Profilen (auch Eiprofilen) können die Rohre auch einzeln an ihren Platz gelangen und an Ort und Stelle mittels Tropf- bzw. Kreisringprofil aufweisenden Gummidichtungen gedichtet werden. Nach dem Einziehen sämtlicher Futterrohre wird der Zwischenraum Kanalrohr - Futterrohr mit Zementmörtel ausgepreßt. Das Einpressen des Zementmörtels erfolgt von unten nach oben, sodaß das Futterrohr bis zum Grat des bestehenden Kanals aufschwimmt; dadurch entsteht ein verfestigter Sohlbereich. Während einer Arbeitsschicht können - in Abhängigkeit von den Randbedingungen - 10 bis 15 Futterrohrabschnitte eingebaut werden; dies entspricht einer Abschnittslänge von etwa 60 bis 90m.

Einbinden der Hausanschlüsse
Nicht begehbarer Querschnitt des Hauptkanals: Die Hausanschlüsse werden mit einem Fräsroboter vom Haus bzw. Grundstück aus in den Kanal geschnitten.

Begehbarer Querschnitt des Hauptkanals: Anschlußherstellung vom Hauptkanal aus, indem der Rohrquerschnitt eingeschnitten wird. Die Schnittstelle bzw. der Übergang wird mit Epoxidharz verklebt.
Der sanierte Kanal kann bereits einen Tag nach dem Auspressen des Zwischenraumes in Betrieb genommen werden.

Rohre

Erzeugung glasfaserverstärkter Polyesterrohre im automatischen Wickel- oder Schleuderverfahren - Nennweitenbereich von DN 200 bis 2400; der Rohraufbau wird je nach statischen Erfordernissen festgelegt und durch einen vorausgerechneten Schichtenaufbau mit einem definierten Harz sowie Harz/Glas- bzw. Füllstoff/Harz-Verhältnis und Glasorientierung erreicht.

Daten

Abschnittslänge: 500m.
Je Abschnittslänge ein Anlaßschacht: 6-8x2-3m (je nach Rohrquerschnitt).
Injektionsmörtel:
je m^3 - 525kg Portlandzement/PZ 450; 560kg Sand; 60kg Bentonit.
Rohre: Kreisprofil, Eiprofil, Maulprofil, Drachenprofil.
Tabellen:
Querschnitte, Abmessungen
Chemikalienbeständigkeit
Hydraulische Bemessung
Rohrsteifigkeit.
Wirtschaftlichkeit: je nach Baustelle können pro Arbeitsschicht 10 bis 15 Futterrohre eingebaut werden; bei einer Rohrlänge von 6m sind dies 60 bis 90lm; Vorbereitungs- und Abschlußarbeiten sind hier nicht eingerechnet.
Haftung: 10 Jahre für gelieferte Materialien und Bauarbeiten.

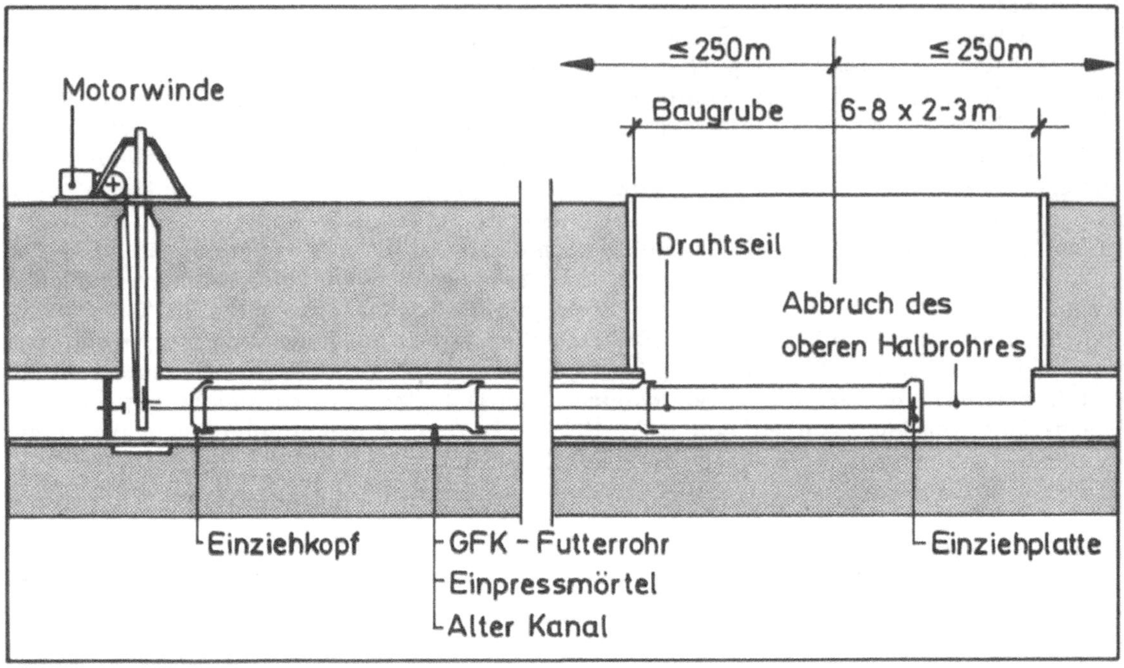

Abb. 5.22: Einziehen von kurzen Rohren

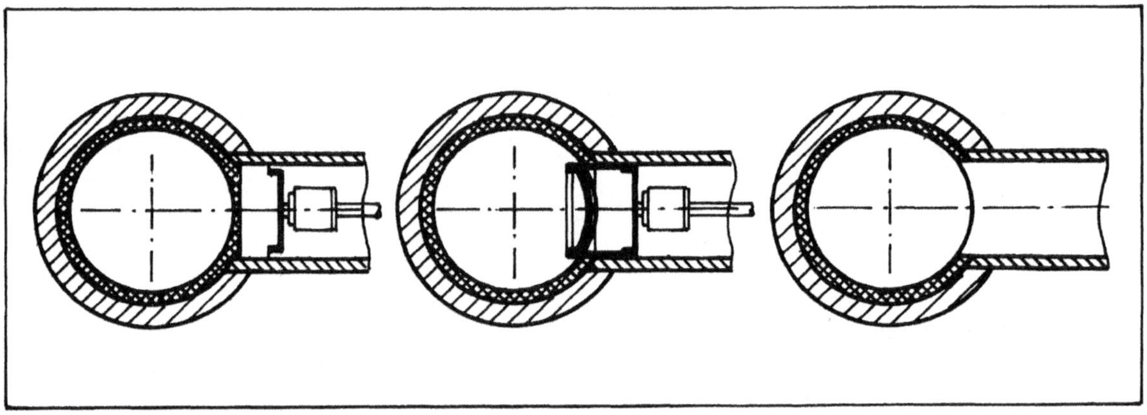

Abb. 5.23: Herstellung von Hauskanalanschlüssen mittels Fräskopf/Prinzipskizze

SCHLÄUCHE

Einziehen flexibler Schläuche

Auskleidungsmaterial
Polyestervlies, an der Außenseite mit Polyurethan beschichtet, dicht mit Kunstharz getränkt bzw. imprägniert; Durchmesser 100 bis 2700mm, bis 150m lang. Innen besteht der Schlauch aus mehreren Lagen (jeweils 3mm) dickem Nadelfilz ohne Kaschierung, die für die gewünschte Wanddicke verantwortlich sind. Das Auskleidungsmaterial wird in Kühlwagen (max. 5°C) angeliefert, um ein vorzeitiges Abbinden der Kunstharzimprägnierung zu verhindern.

Verfahrensablauf
Als Ausgangspunkt kann ein bestehender Schacht verwendet werden, in den ein vertikales Inversionsrohr mit einem 90°-Bogen am unteren Ende und einer Höhe von 3 bis 6m eingesetzt wird. Der mit Kühlwagen angelieferte Schlauch wird in das Inversionsrohr eingebracht, am Ende des Umlenkbogens aufgefaltet, umgestülpt und verklammert. Durch Füllen des Inversionsrohres mit kaltem Wasser beginnt der Schlauch, sich in die zu sanierende Leitung hineinzustülpen. Die Wassersäule wird auf berechnetem Druck gehalten, damit der Schlauch an die Wand gepreßt wird; er paßt sich an das bestehende Rohr an; das überschüssige Harz drückt sich in Risse, Fugen und Unebenheiten, sodaß eine gewisse Verbindung entsteht.
Am Ende eines Abschnittes (bis 150m; Schacht) wird der Schlauch mittels Stahlplatte abgebremst. Nun wird die Leitung solange mit Heißwasser gefüllt, bis 60° bis 70°C im Rohr erreicht sind; die Temperatur wird mehrere Stunden gehalten. Das Harz härtet aus. Die Heizdauer beträgt je nach Durchmesser, Wandstärke und Länge 8 bis 18 Stunden.
Nach Abkühlung wird das Wasser abgelassen, Inversionsrohr sowie Kopfende mittels Druckluftwerkzeugen abgeschnitten, Zwischenschächte ausgeschnitten, Anschlüsse verdübelt und mittels Handlaminat angeschlossen.
Abzweiger: Bei kleinen Durchmessern kann mittels Schneidroboter, durch Kanalfernsehen gesteuert, vom letzten Putzschacht der Anschlußleitung bzw. bei großen Querschnitten von Hand aus aufgeschnitten werden.

Ähnliche Methoden mit unterschiedlichem Verfahrensablauf

Aushärtung mit Heißluft
Materialien und Verfahrensablauf entsprechen der In-situ-Methode; zur Aushärtung des Auskleidungsschlauches wird jedoch Heißluft verwendet.

Einbringen des Schlauches mit Hilfe von Unterdruck
Ein außen mit Kleber versehener dünner Schlauch wird in die Rohrleitung gefaltet eingebracht, dann über einen Schacht im Zwischenraum Mantelrohr - Futterrohr Vakuum erzeugt bzw. in das Futterrohr Luft eingeblasen. Der Schlauch legt sich an die Rohrwandung und haftet mittels aufgebrachten Klebers. Das Gelingen des Verfahrens hängt von der Haftung des Klebers bzw. der vorherigen Reinigung ab; notwendig ist die Verbindung mit der alten Kanalwand.

Einbringen mittels Druckluft
Rohrprofile von DN 80 bis DN 1200, Eiprofile bis 80/220.
Als Stützbewehrung können Glas- oder Karbonfasern in den Filz eingebracht werden; dadurch ist eine höhere Festigkeit bei kleineren Wandstärken und geringerem Gewicht vorhanden. Aufgrund der Auswahl verschiedener Harze kann das Verfahren statischen, chemischen und thermischen Einflüssen angepaßt werden (Laminatstärke von 2 bis 20mm).

Bei diesem Verfahren wird ein kunstharzgetränkter, vorher konfektionierter Nadelfilzschlauch in flexibler Form in den zu sanierenden Entwässerungskanal eingezogen, mittels Druckluft an die defekte Rohrwandung angepreßt und zum Aushärten gebracht. Existieren bereits größere Hohlräume durch Hinterspülung außerhalb des Kanalprofils, kann der Schlauch auch im Bereich der Hohlräume eingesetzt werden. Die radiale Dehnung ist begrenzt, in der Auskolkung tritt nur eine geringe Querschnittsvergrößerung ein. Nicht beseitigt werden Querschnittsverengungen durch Rohrdeformation oder Muffenversätze des alten Rohres, sofern sie nicht - vorher - mechanisch behoben wurden. Fremdwassereinbrüche (Grundwasser) sind durch erhöhten Druck und Wahl geeigneter Zusatzmaßnahmen zu bewältigen.

Material
Tuch: Textiles, mit Kunststoff angereichertes, teilweise vernadelter Filz oder Kunststoff-Nadel-Vlies.
Harz: Polyester-, Epoxy-Vinylester-Harze.

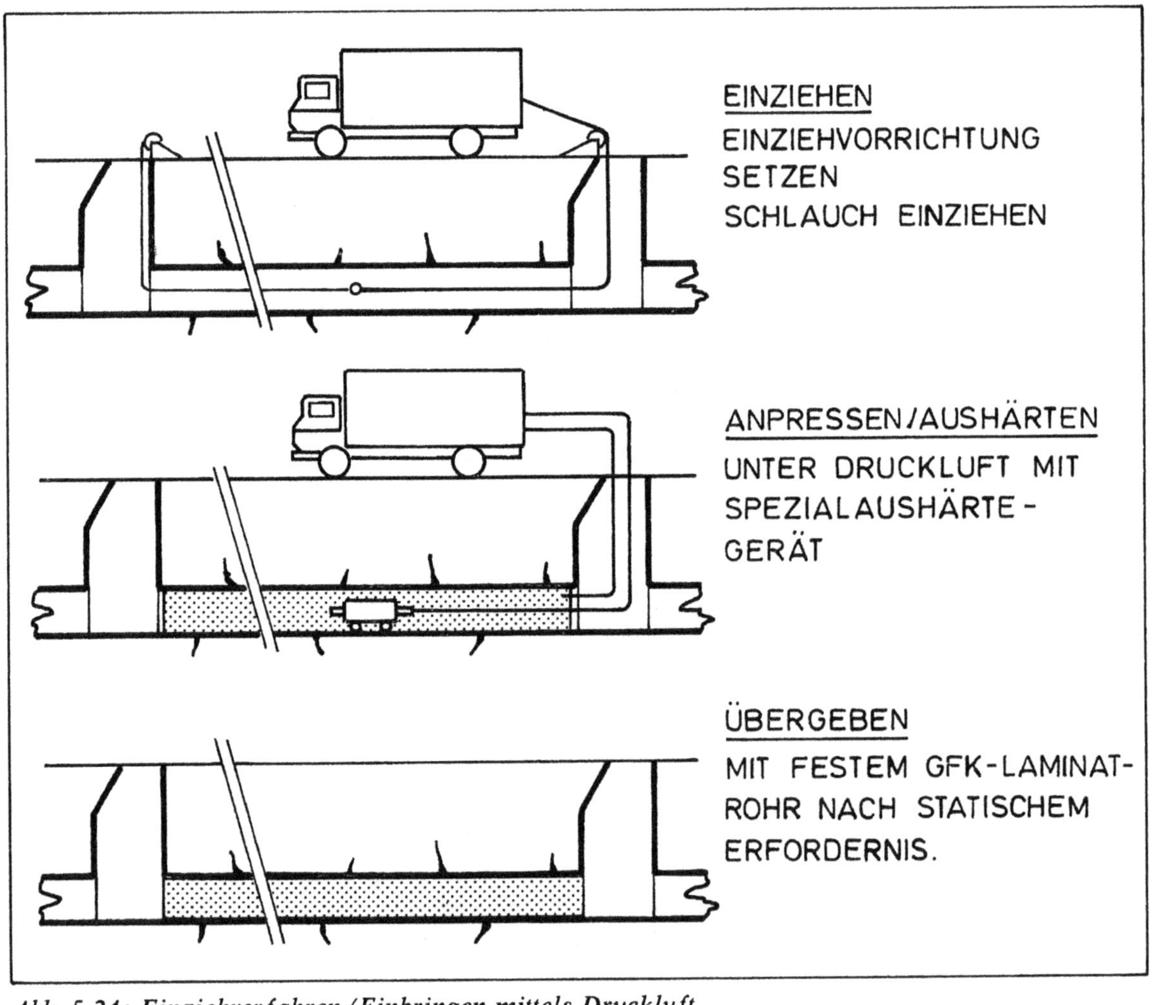

Abb. 5.24: Einziehverfahren/Einbringen mittels Druckluft

POLYMERBETON

Einziehen kurzer Profilelemente aus Polymerbeton

Polymerbetonelemente zur Sanierung von Profilkanälen sind zugleich Profilauskleidung und verlorene Schalung. Der Restraum zwischen eingezogenen Polymerbetonelementen und bestehendem Profil wird mit Fließbeton ausgefüllt.

Verfahrensablauf
Von einem Schacht oder einer Ablaßgrube werden die Polymerbetonelemente auf die im Gefälle vorgefertigte Sohle hinabgelassen und im Zug- bzw. Schubtransport zur Versetzstelle gebracht. Eine ebene Aufstandsfläche des Polymerbetonteils und die gleiche Materialhöhe im Sohlbereich ergeben den sauberen Übergang der einzelnen Elemente. Die Dichtheit der stirnseitigen Stöße wird durch Falzmuffenausbildung und elastische Verfugmasse sichergestellt; diese wird vor dem Einschub in der Falzmuffe aufgetragen. Die einzelnen Polymerbetonelemente sind gegen Auftrieb abzusichern. Der Restraum zwischen Altprofil und Polymerbetonelementen ist mit Fließbeton auszufüllen (die Stärke des Fließbetons wird bei der statischen Bemessung berücksichtigt). Hausanschlüsse können in anzufräsenden Ausnehmungen eingemündet werden.

Sanierung eines Eiprofiles mit Hilfe einer Pneumoschalung und Polymerbetonsohlen

Im Altkanal wird mit Hilfe einer 10 oder 20m langen aufblasbaren Schalung (Pneumoschalung) ein Freiraum geschaffen, der mit Fließbeton ausgefüllt wird. Die Lage der Pneumoschalung wird durch vorher verlegte Polymerbetonsohlen bestimmt.

Verfahrensablauf
Die Polymerbetonsohlen werden auf einen im Gefälle abgezogenen Sohlbeton verlegt. Eine stirnseitige Falzausbildung der Polymerbetonsohlen gewährleistet den sauberen Übergang der Sohlenstöße. Gegen seitliches Verschieben der Sohlen ist eine Betonfixierung notwendig. Um das Aufschwimmen der einzubringenden und aufzublasenden Pneumoschalung beim Betonieren zu verhindern, muß eine Abstützung am Scheitel vorgesehen werden. Nach dem Einbringen der Pneumoschalung ist diese vorschriftsmäßig aufzublasen. Die Stirnseiten sind an den jeweiligen Enden abzuschalen. Der so entstandene Freiraum zwischen Altprofil und Pneumoschalung wird mit Fließbeton verfüllt.

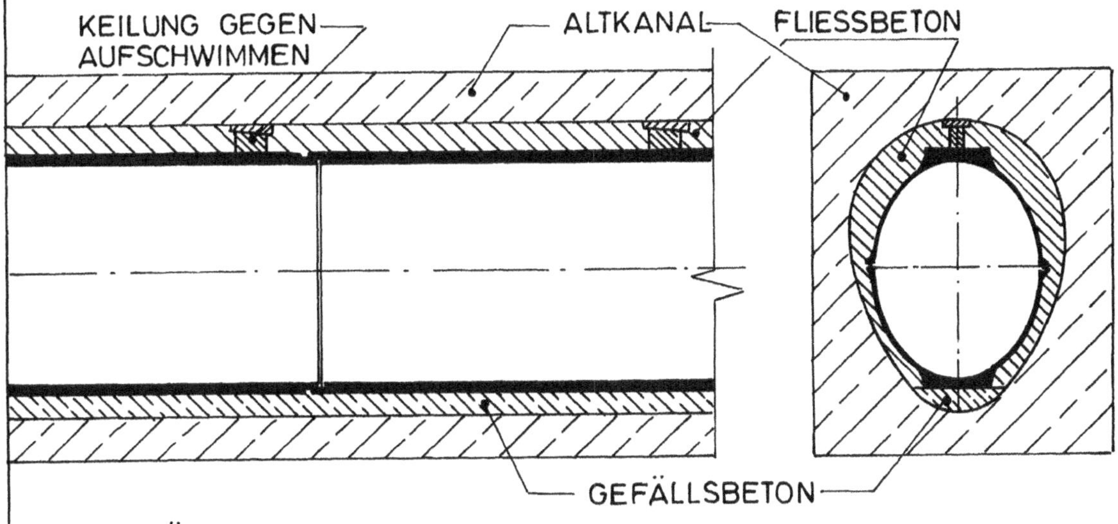

BAULÄNGE: 1m

DIMENSIONEN: PROFIL	BREITE	HÖHE in mm
	400	600
	500	750
	600	900
	700	1050

Abb. 5.25: Sanierung von Profilkanälen mit einer Innenauskleidung aus Polymerbeton

WICKELVERFAHREN

Aus Bandprofilen gewickelte Stahl- oder Stahlblechrohre sind seit langem Stand der Technik. Seit einigen Jahren werden in den USA und in Australien auch Rohre aus PVC-Bandprofilen erzeugt; diese Herstellungstechnik eignet sich insbesondere für die Kanalsanierung.

Kurzbeschreibung

Ein Kunststoffprofil mit ca. 50 bis 140mm Breite wird aufgewickelt und auf einer Palette auf die Baustelle angeliefert. Der Querschnitt des Profils ist auf einer Seite glatt, die andere Seite ist mit Stegen versehen, um bei minimalem Gewicht die erforderliche Steifheit zu erreichen. An den Rändern verfügt das PVC-Band über eine Nut-Feder-Verbindung, die nach dem Aufwickeln eine kraftschlüssige Verbindung der Ränder ermöglicht. Dichtleisten aus Weich-PVC und Neoprene sichern auch bei Verlegung im Naßbereich eine dichte Verbindung über die gesamte Rohrlänge. Die Verbindung ist rein mechanisch und ohne Klebemittel. Die Profilenden (Rollenden) werden auf der Baustelle von Rolle zu Rolle thermisch verschweißt. Das Schraubgerät besteht aus einer Einziehvorrichtung für das Profilband und einer korbförmigen Führung für die Spiralwicklungen.

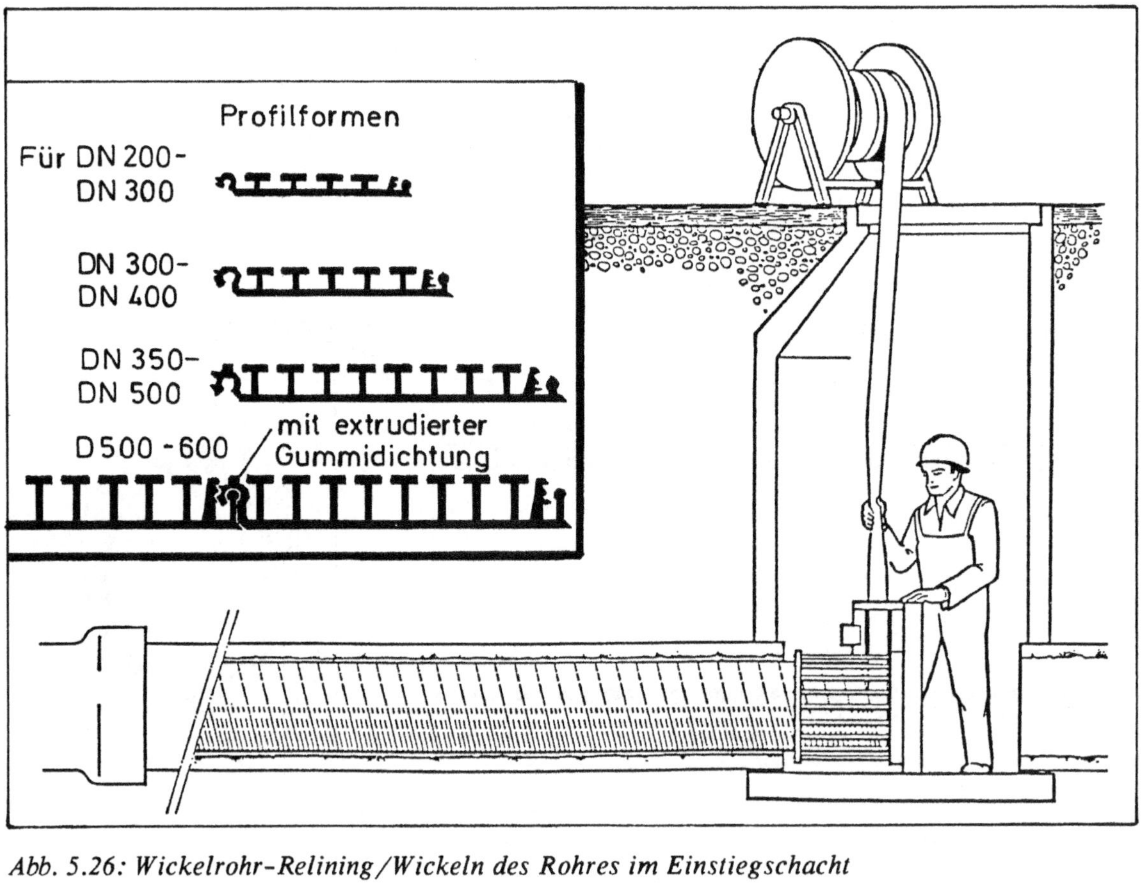

Abb. 5.26: Wickelrohr-Relining/Wickeln des Rohres im Einstiegschacht

Die Schraubeinrichtung ist so konstruiert, daß sie ohne zusätzliche Maßnahmen in Kanalschachtöffnungen eingebracht werden kann. Das Bandprofil wird in die Schraubeinrichtung entsprechend dem durch den jeweiligen Korb vorgegebenen Rohrdurchmesser spiralförmig eingeführt. Infolge der Spiralbewegung wird das so hergestellte Rohr selbsttätig in dem Kanalstrang vorwärts bewegt. Schachtlängen von 50 bis 100m oder mehr können auf diese Art aufgrabungsfrei durchfahren werden. Derzeit lassen sich nach diesem Verfahren Rohrdurchmesser von DN 150 bis DN 1000 erzeugen.

Nach Fertigstellung des neuen Kanalprofils wird der Ringspalt an beiden Enden verschlossen, der Hohlraum zwischen altem Kanalrohr und neuem Inliner mit geeignetem Preßmörtel verdämmt. Dadurch wird auch eine Verbesserung der Statik des vorhandenen Kanals erzielt. Der Durchmesser des neuen Kanalprofils hängt vom Durchmesser und Zustand des alten Kanals ab und kann variabel, also auch zwischen den konventionellen Nennweiten, hergestellt werden, um den Querschnittsverlust zu minimieren. An Vorarbeiten sind eine Reinigung und Kalibrierung des bestehenden Kanals und normalerweise eine Untersuchung mit dem Kanalfernsehauge erforderlich, um das vorhandene Schadensausmaß feststellen und den optimalen Rohrdurchmesser bestimmen zu können. Im Normalfall müssen der Kanalschacht und dessen Sohlgerinne für das Herstellen des Schraubrohres baulich nicht verändert werden. Ankommende Kanäle im Schacht, oberhalb der zu sanierenden Strecke, werden abgestoppelt, das anfallende Abwasser umgepumpt. Die im Zuge der zu sanierenden Strecke ankommenden Hauskanäle können im Regelfall ungestört in Betrieb bleiben. Der Anschluß der Hauskanäle kann entweder konventionell mit begrenzten Aufgrabungen oder mittels - zum Teil noch in Erprobung befindlicher - automatischer Vorrichtung, aufgrabungsfrei aus dem Rohrinneren erfolgen.

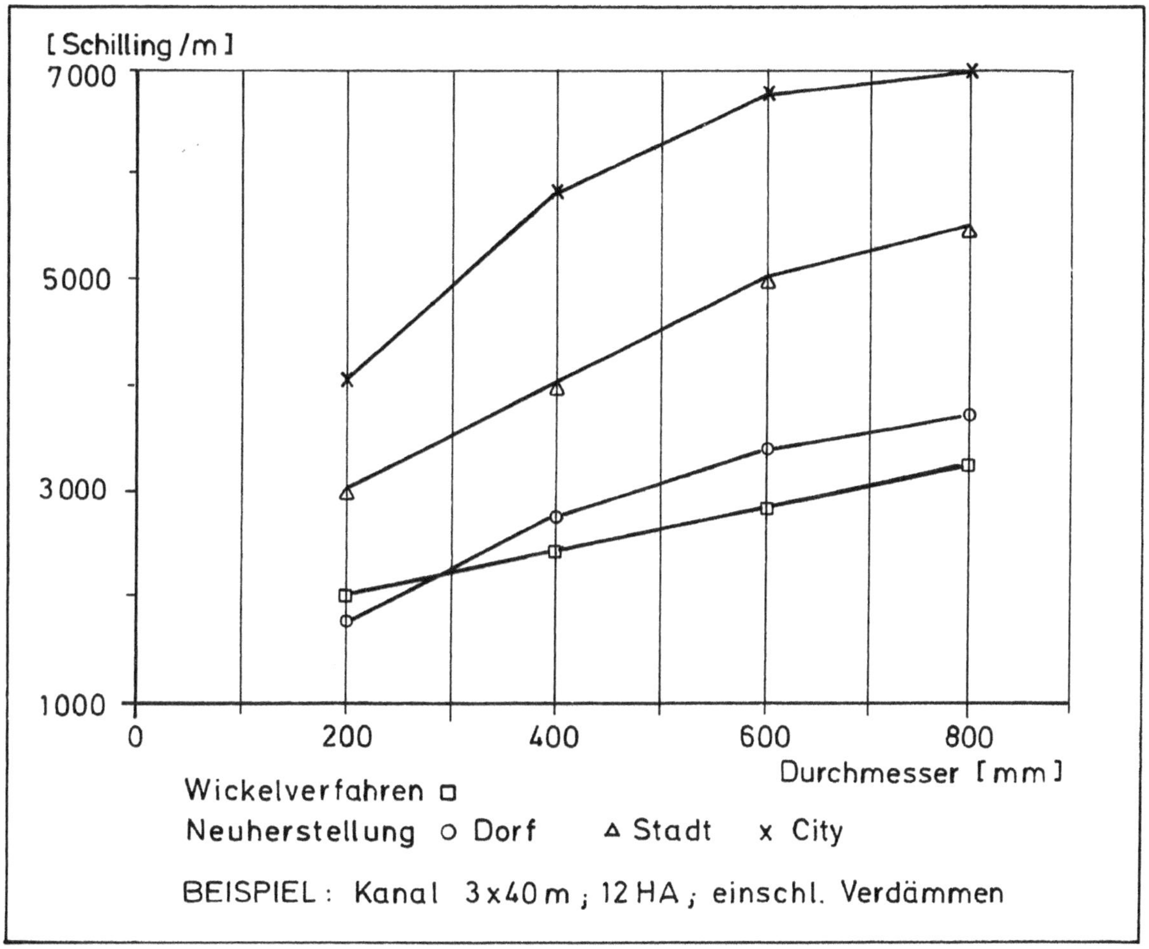

Abb. 5.27: Wickelrohr-Relining - Herkömmliche Neuherstellung/Kostenvergleich

Parameter

Rohrdurchmesser: DN 150 bis 1000
Rohrlänge: unbegrenzt
Abschnittslänge: ca. 100m.

Anwendungsbereich

Instandsetzung undichter und/oder baufälliger Kanäle im Durchmesserbereich von 150 bis 1000mm; geeignet auch für die Verbesserung von Hausanschlüssen.

Kostenvergleich zur Neuherstellung eines Kanals in offener Bauweise

Der Anbieter des Verfahrens gibt den in Abb. 5.27 skizzierten Kostenvergleich des Wickelverfahrens mit der Neuherstellung in offener Bauweise (in Abhängigkeit vom Einsatzbereich).

5.3. VERFAHREN DER HERSTELLUNG IN ALTER TRASSE

5.3.1. GESCHLOSSENE BAUWEISE

Künftige Kanalsanierungen stellen neue Anforderungen an die geschlossene Bauweise, insbesondere die Reduzierungen der Erdarbeiten in städtischen Bereichen. Daher soll bei der Anwendung konventioneller Verfahren in neuen Entwicklungslinien ein Verbundsystem für den innerstädtischen Bereich gefunden werden. Das Ziel, verschiedene Verfahrenstechniken anzuwenden, die die Erneuerung schadhafter Kanäle unterirdisch ohne Querschnittsreduzierungen ermöglichen, soll - bei gleichzeitiger Entfernung des kontaminierten Bodens in der Kanalzone - unter wirtschaftlichen Bedingungen erreicht werden.

Derzeit übliche Verfahren sind meist an den Kreisquerschnitt gebunden; für schliefbare und nicht schliefbare Kanäle lassen sich nachstehende Vortriebe unterscheiden:

- Horizontalbohrung
- Preßrohrvortrieb
- Verdrängungsverfahren.

Zur vereinfachten weiteren Betrachtung wird die geschlossene Bauweise in bestehenden Kanaltrassen bei Zertrümmerung, Aufbohren und Überfahren alter Einbauten oder Ersatzverlegungen (darüber, darunter oder neben der Alttrasse) nach folgenden Regelfällen unterteilt:

- Kreisquerschnitte bis NW 1000mm
- Kreisquerschnitte über NW 1000mm.

Mit der Erneuerung eines Kanals kann auch ohne wesentliche Mehrkosten die Abflußleistung durch eine Querschnittserweiterung erhöht werden.

HORIZONTALBOHRUNG

Übersicht - Anwendungsbereiche für Kreisquerschnitte bis NW 1000mm

Die geführte Verdrängung oder gesteuerte Überfahrung der jeweiligen Leitungen samt Entfernung der alten und Einbau der neuen wird von einem Startschacht zu einem Zielschacht durchgeführt, mit geringster Ausdehnung der Baustelleneinrichtung.

Grundlagen:

- Spezielles Horizontalbohrsystem unter Verwendung von AZ-Rohren
- Bohrsystem nach dem Containerprinzip.

Bezüglich dieser Bohrsysteme existiert die Möglichkeit der Anwendung verschiedener konventioneller Arbeitsweisen; Hohlraumherstellung durch Bodenverdrängung oder Bodenentnahme in Verbindung mit den angeführten Bohrsystemen bei den verfahrenstechnischen Anforderungen für

- Abbau
- Förderung
- Vermessung
- Steuerung
- Vorpreßanlage
- Rohreinbau.

Spezielles Horizontalbohrsystem unter Verwendung von AZ-Rohren

Dieses Bohrsystem stellt eine Kombination von Vorpreßstrang mit innenliegendem verschraubtem Stahlfutterrohr (Führungsrohr) für die Bodenverdrängung oder -entnahme dar. Die Preßkräfte für die Überwindung der Mantelreibung und des Schneidwiderstandes werden im Führungsrohr übertragen. Die Mediumrohre sind daher während des Transportes des Bohrkleins durch das Stahlfutterrohr geschützt; auch im Stahlrohr geführte Bohrschnecken, Bohrcontainer oder Spezialwerkzeuge können das verbleibende Mediumrohr nicht beschädigen. Nach Durchörterung der Preßstrecke wird der Schneidschuh mit den entsprechenden Werkzeugen im Zielschacht ausgebaut, der innenliegende Stahlfutterrohrstrang zurückgezogen; das Mediumrohr verbleibt im Erdreich.

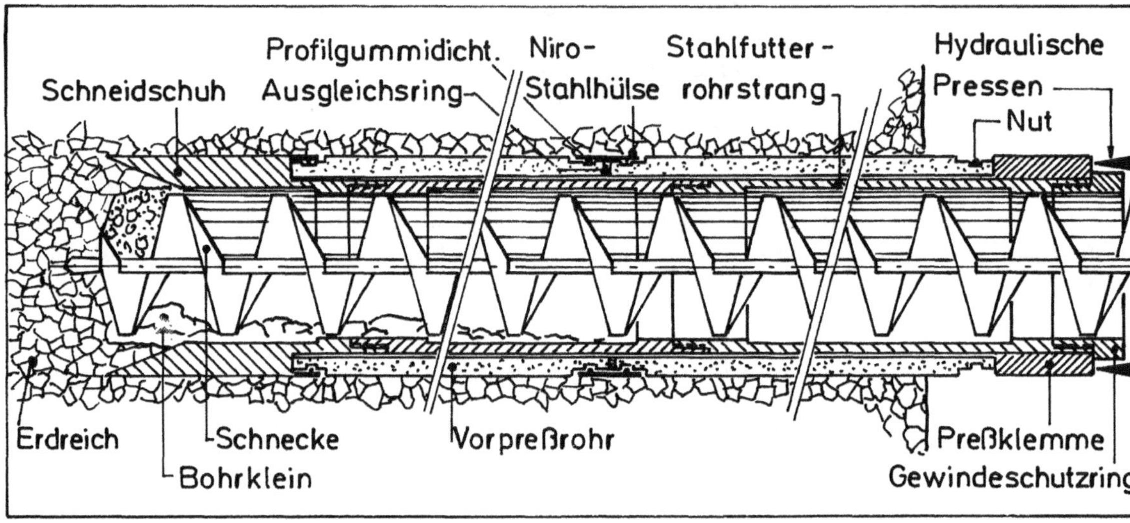

Abb. 5.28: Horizontalbohrsystem unter Verwendung von AZ-Rohren

Bohrsystem nach dem Containerprinzip

Dieses System besteht aus einer kompakten Abbau-, Lade- und Fördereinrichtung als fahrbarer Arbeitseinheit mit Steuerung, dem Bohrcontainer. Der Fahrantrieb vor und zurück erfolgt innerhalb des Rohrstranges mit einer Rundgliederkette. Der Container wird beim Abbau des Bodens im Arbeitsrohr verspannt; der vom jeweiligen Bohrkopf gelöste Boden kann durch die kurze Ladeschnecke gefördert und automatisch entleert werden. Aufgrund dieser Arbeitsweise lassen sich verschiedene auswechselbare Spezialwerkzeuge an der Ortsbrust einsetzen.

Die Versorgungsleitungen zum Bohrcontainer sind in Form eines Flachbandes als Schlauchbündel zusammengefaßt, das dem Arbeitszyklus entsprechend von einer Kabeltrommel außerhalb des Startschachtes auf- und abgewickelt wird.
Infolge des Antriebes im Bohrkopf steht - unabhängig von der Länge des Vortriebes - immer fast das gleiche Drehmoment für den Abbau zur Verfügung.

Mit diesem Vortriebssystem können verschiedene Mediumrohre, auch in Kombination von Verfahrensteilen der beiden Methoden, unter Einsatz aller konventionellen Arbeitsweisen oder Werkzeuge verwendet werden.

Die wichtigsten Rohrwerkstoffe hiefür sind

- Stahl
- Gußeisen
- Beton
- Stahlbeton
- Steinzeug
- AZ
- GFK
- Verbundwerkstoffe.

Über dieses Vortriebssystem liegen noch keine Ergebnisse vor; das Versuchsstadium konnte jedoch bereits verlassen werden.

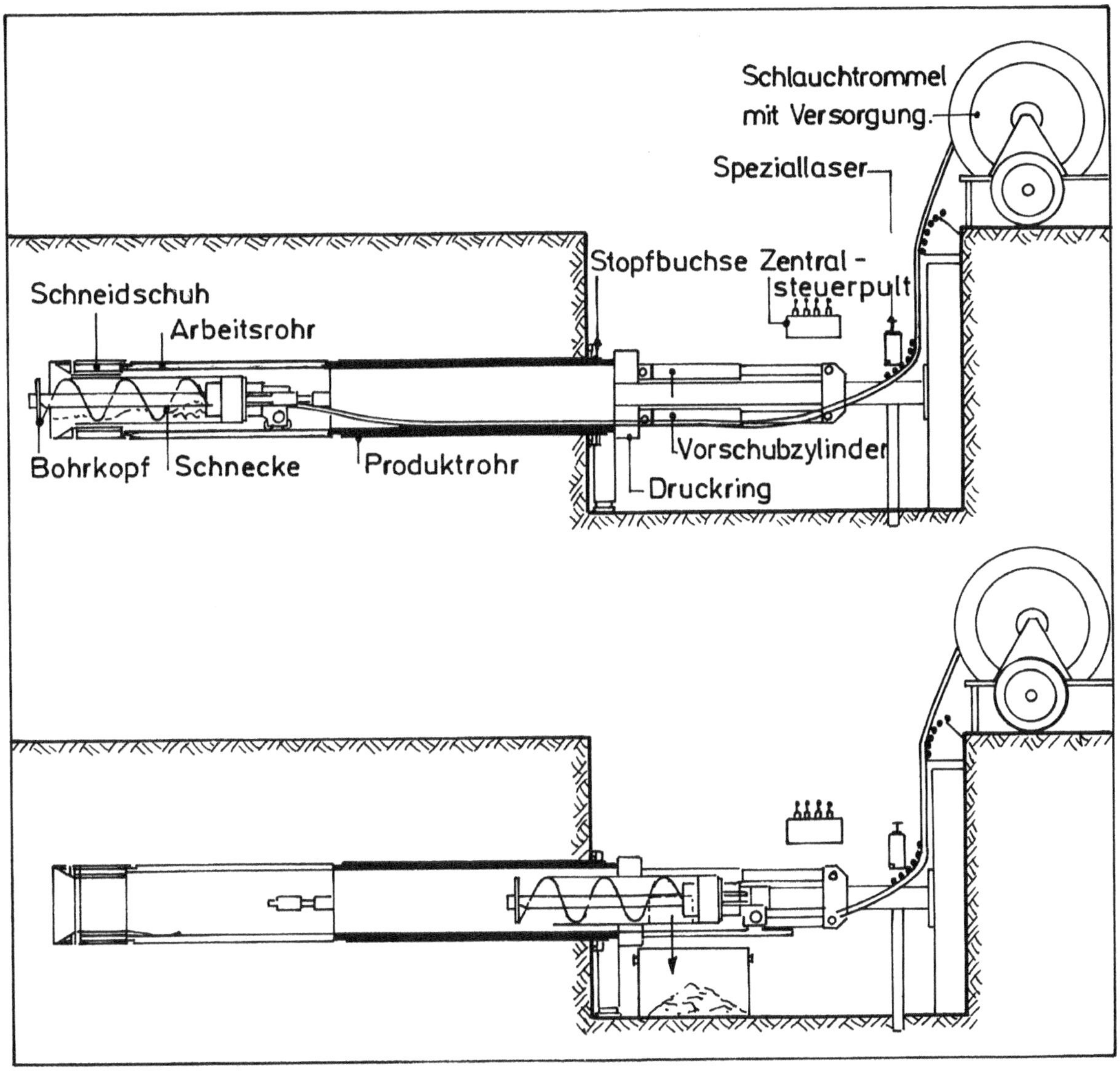

Abb. 5.29: Bohrsystem nach dem Containerprinzip

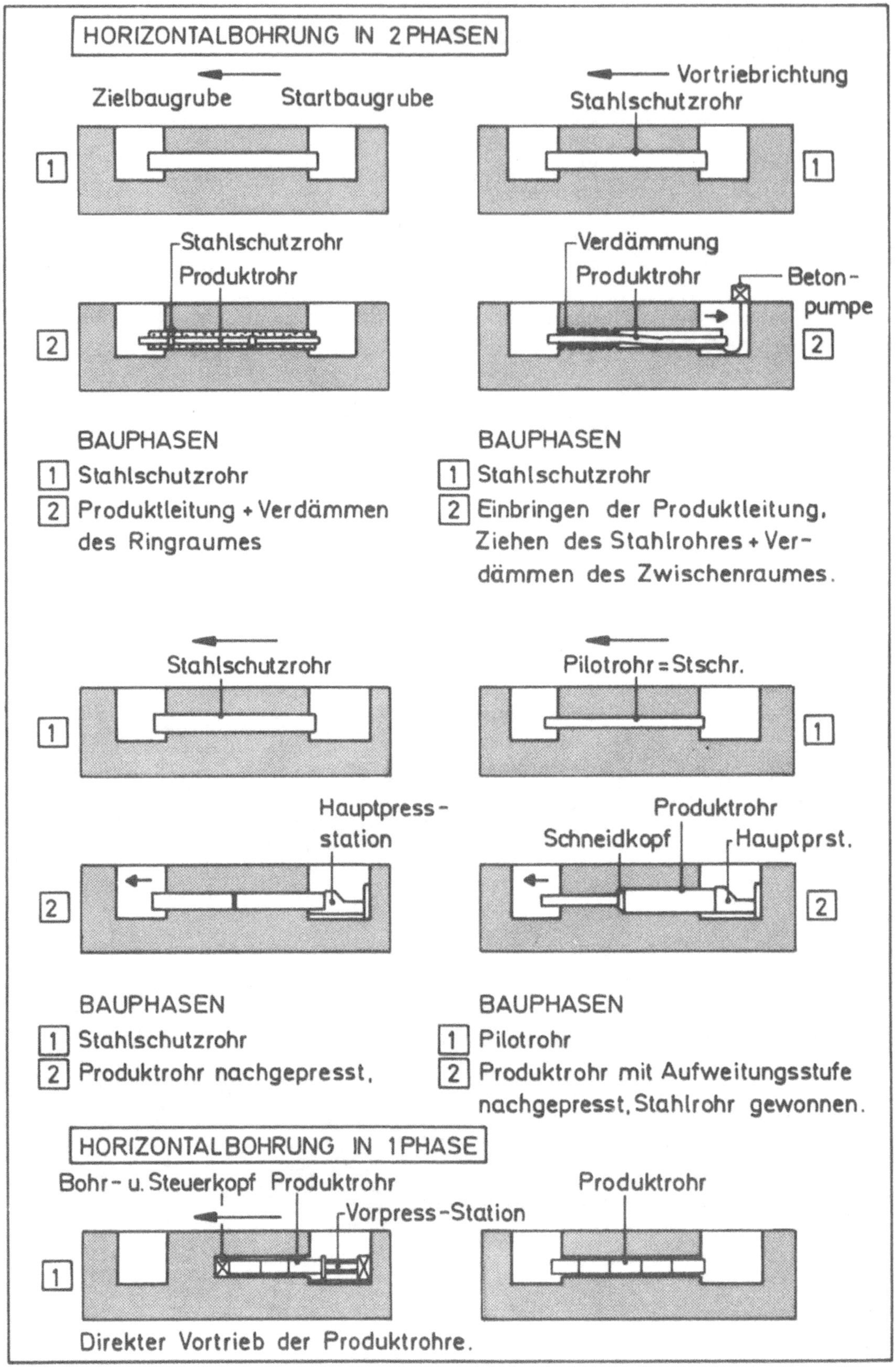

Abb. 5.30: Mögliche Systeme von Horizontalbohrungen/Schemaskizze

Gerätetechnik für Vortrieb und Abbau
Die genannten Bohrsysteme haben mit oder ohne innenliegenden Stahlfutterrohrstrang an der Spitze im Schneidenbereich eine steuerbare Vortriebseinrichtung oder einen Bohrkopf mit durchgehender Schneckenförderung. Bei beiden Verfahren wird die Rohrleitung durch Einziehen neuer Rohre rekonstruiert; Ersatz der Rohrleitungen durch kleinere, gleiche oder größere Querschnitte. Für die Sanierung kurzer Kanallängen wird man Kurzrohre aus bestehenden Schachtanlagen einziehen und bis zu 20m lange Hausanschlußkanäle innerhalb eines Tages auffahren und fertigstellen.

Der Einsatz von Führungsrohren wird bei Hindernisbeseitigung die Möglichkeiten der Abbautechnik verbessern. Die auswechselbaren Abbauorgane sollten in der Lage sein, alle Bodenarten förderbar zu lösen. Mit einem Verdrängungskörper, der durch das Führungsrohr gesteuert ist und über hydraulische Spreng- oder Spreizelemente verfügt, läßt sich bei entsprechenden Bodenarten eine Verdrängung erzielen, gleichzeitig ein bestehender Rohrteil beseitigen und ein neues Rohr einziehen.

Die Förderung mit Schnecken oder Bohrcontainer muß auf die maximale Korngröße ausgerichtet sein. Vortriebslängen zwischen 60 und 100m sind meist nur mit dem Bohrcontainer erreichbar. Die Vermessungs- und Steuereinrichtungen sollen alle Meßwerte bis mindestens 100m Reichweite anzeigen und die sofortigen Reaktionen der Steuerung auf Steuerungsanweisungen mit Positionsbestimmung erzielen.

Die Vorpreßanlage muß für alle Mediumrohre leicht umrüstbar und mit ausreichenden Preßkräften ausgestattet sein. Hilfseinrichtungen für Mediumrohreinbau sowie für Bentonitschmierung und Vorpreßarbeiten sollen zur Verfügung stehen.

Vereinigung und Ergänzung der Vortriebssysteme laut den Punkten "Horizontalbohrung" und "Verdrängungsverfahren" müßten folgende ideale Verfahrenstechnik ergeben:

- Sofortiger Einbau des Mediumrohres beim Überfahren

- Überfahren mit Führungsrohr
  Ausbauen des Führungsrohres, gleichzeitig Einziehen des Mediumrohres.

PRESSROHRVORTRIEB

Übersicht - Anwendungsbereiche für Kreisquerschnitte über NW 1000mm

Der Start für das Preßverfahren über verschiedene Kanalquerschnittsformen erfolgt aus einer schachtartigen gesicherten Preßgrube, dem Preßschacht, womöglich als Systemschacht (für den Ausbau von Einstiegschächten geeignet). Die erforderlichen Preßkräfte werden auf ein entsprechendes Widerlager abgestützt. Die Schachtgröße richtet sich primär nach der Länge der Preßeinrichtung und der Rohre wie auch der Materialabförderung; die Einzelrohrlängen sollen mit dem Pressenhub abgestimmt werden.
Beim Überfahren einer bestehenden Kanaltrasse ist die Materialabförderung in Vortriebsrichtung über den nächsten Kontrollschacht der alten Anlage günstiger als über den Preßschacht. Diese Förderungsart und die Verwendung von Kurzrohren ermöglichen Kleinstabmessungen für den Preßschacht. Der Ziel- und Entnahmeschacht kann durch eine zerlegbare Ausrüstung (Schneide und Arbeitsrohr) gleichfalls im Kleinstausmaß gehalten werden.

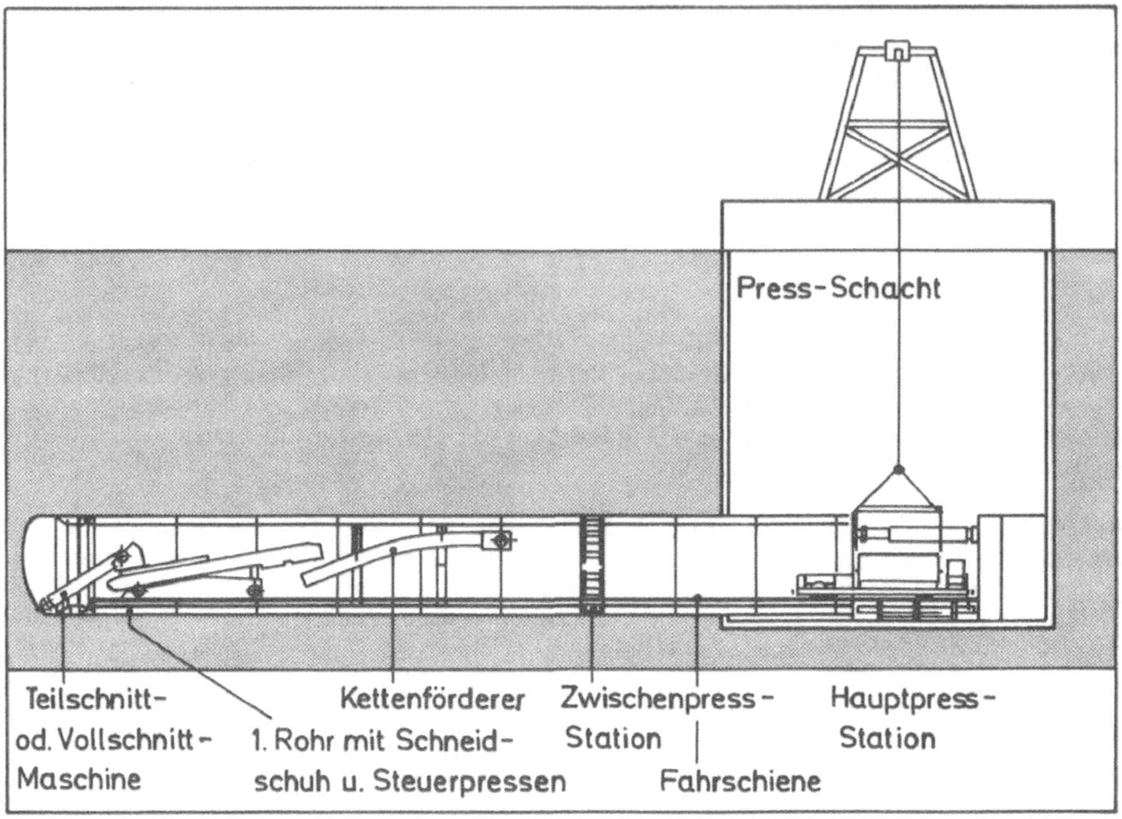

Abb. 5.31: Schnitt zum Vortrieb mittels Preßrohrverfahren/Prinzipskizze

Die Vortriebslängen werden vermutlich nicht durch wirtschaftliche oder technische Grenzlängen, sondern durch die vorhandene Kanalanlage bestimmt.
Wichtigste Rohrwerkstoffe (ausgehend vom Kanalbau):

- Stahl
- Gußeisen
- Stahlbeton
- AZ
- GFK
- Verbundwerkstoffe.

Gerätetechnik für Vortrieb und Abbau
An der Spitze des Preßrohrvortriebes wird der lenkbare Schneidschuh eingesetzt; darauf folgt das Arbeitsrohr, gleichfalls aus Stahl, da durch die geringe Wandstärke der Stahlrohre mehr Arbeitsraum für Abbruchs- und Sicherungsarbeiten zur Verfügung steht.

In den Bereichen Schneidschuh und Arbeitsrohr befinden sich die hydraulischen Richtpressen sowie eine Vorschubpreßanlage als Vorlaufeinrichtung, die ein schnelleres Reagieren bei Überfahren und Abbruch der Altanlage erlauben.

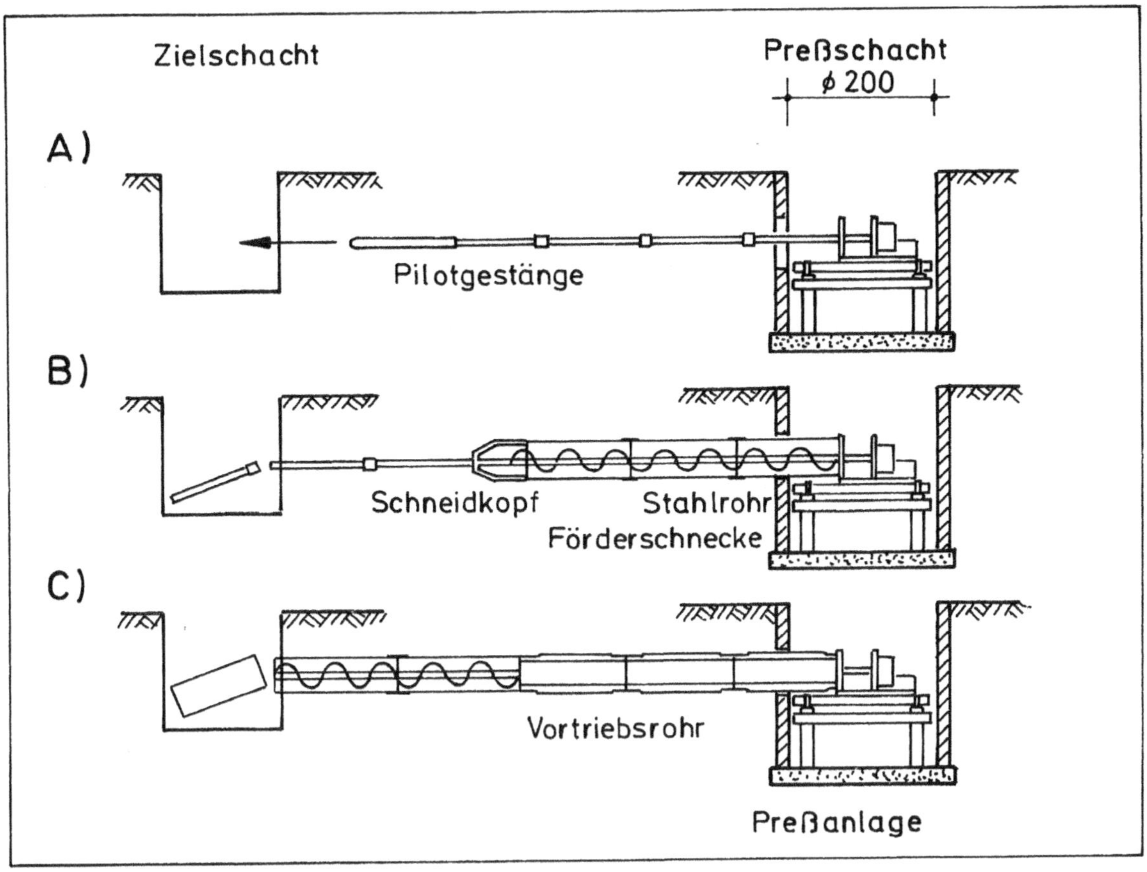

Abb. 5.32: Preßrohrvortrieb mit Pilotgestänge vom Preß- zum Zielschacht

Der weitere Vortrieb erfolgt konventionell über Haupt- und Zwischenpreßanlagen. Im Gegensatz zum klassischen Preßrohrvortrieb werden an der Vortriebsspitze ständig Abbrucharbeiten durchgeführt, wodurch Aufenthalte entstehen, die für Spezialarbeiten (Sicherungsmaßnahmen) verwendet werden können.

Aufgrund extremer Randbedingungen und laufender Wechselbeanspruchungen des Vortriebsablaufes müssen beim Überfahren der Hauptkanäle und schiebenden Unterfahren von Schachtbauwerken Abweichungen, Verklemmungen und Setzungen durch ständige Kontrolle und spezielle Maßnahmen verhindert werden. Nach mittel- und langfristigen Unterbrechungen ist für das Wiederanfahren eine neue gleichmäßige Bentonitschmierung für den Rohrumfang notwendig.

Einzelanforderungen für den Vortrieb im Bereich von Kanalsanierungen infolge der Beengtheit im Ausführungsbereich:

- Auswechselbare Spreng-, Schneide-, Fräs-, Lade- und Abbaueinrichtungen

- Fördersystem in Preßrichtung für Kleinstabmessungen ab der Spitze des Vortriebs in Vortriebsrichtung

- Vollautomatische Steuerung und Vermessung (womöglich)

- Hydraulische Preßeinrichtungen, Aggregate und Installationen in Preßschächten mit Kleinstabmessungen samt Hebe- und Transportgeräten

- Möglichkeiten für Rohrschmierung, Injektionen und Wasserhaltung.

Spezielle Techniken für Sicherungsarbeiten sowie Trennschnitte und Bohrverfahren

Die erfolgreiche Durchführung nach den neuen Entwicklungslinien verlangt ein exaktes Zusammenspiel verschiedener Techniken, die teilweise geplant ablaufen, jedoch durch Improvisation zu ergänzen sind.
Ständig stützende Maßnahmen während des Vortriebes werden durch angefahrene Hohlräume in Verbindung mit unterschiedlichen Bodenarten erforderlich sein. Die stützende Wirkung läßt sich von folgenden Stellen aus erreichen:

- von der Geländeoberfläche
- an der Schneide vor Ort oder vorauseilend
- zwischen Schneide und Arbeitsrohr
- über Vortriebsöffnung in den Vortriebsrohren.

Um den Porenraum im Boden und die angefahrenen Hohlräume zu verringern, verwendet man Injektionen von Füllmaterial, wie Suspensionen aus Zement, Bentonit, Dämmer oder Mischungen derselben, Chemikalien und Schaumbildner.
Nach Abschluß der Stabilisierungsarbeiten sowie Stütz- und Verfestigungsmaßnahmen kann zur Vorbereitung für Schnitte durch eine Bohrlochreihe mit Betonfüllung eine Flankensicherung in alten Mauerwerksteilen erreicht werden. Trenn- und Schneidearbeiten werden bei folgenden Baumaßnahmen ausgeführt:

- Schiebende Unterfahrung von Schachtbauwerken der Altanlagen

- Einbindung in die Reststruktur von verbleibenden Altanlagen

- Öffnungen in den Preßrohren bei der Neuherstellung von Schachtbauwerken.

Entsprechend den Normalien des Bauherrn werden nach Beendigung der Preßarbeiten die Anschlüsse für den Sammelkanal hergestellt, wobei für Innenausbau oder Verkleidungen viele Möglichkeiten offenbleiben.

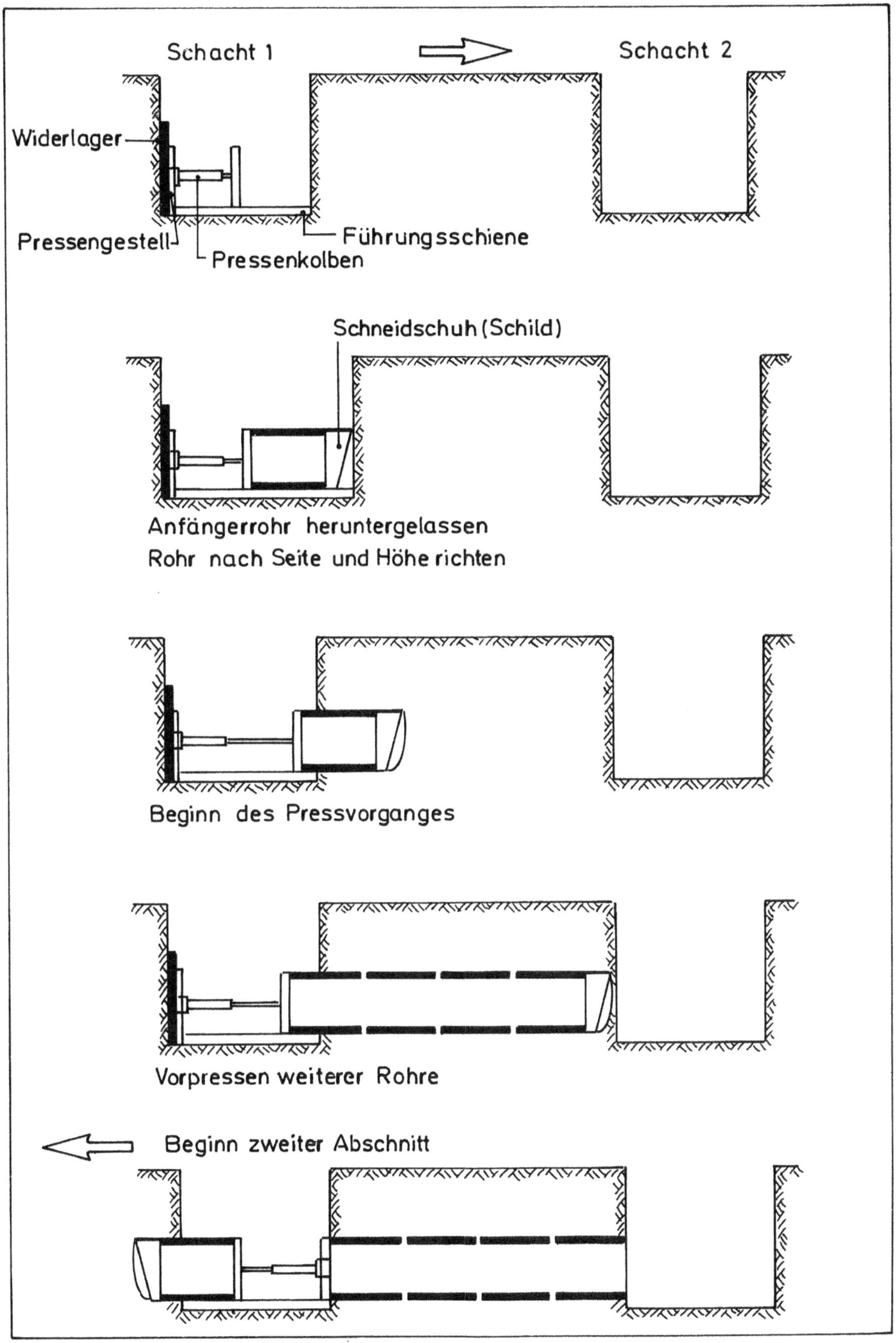

Abb. 5.33: Preßrohrvortrieb/Ablauf des Verfahrens mit 2 Schächten

VERDRÄNGUNGSVERFAHREN

Grundgedanke der Verdrängungsverfahren ist die Erneuerung nicht begehbarer Profile bei gleichzeitiger Erweiterung. Bekannt wurden die Verfahren unter der englischen Bezeichnung "pipe bersting".
Aufgrund des Durchziehens eines sogenannten Berstkörpers durch das bestehende Rohr wird einerseits das alte Rohr zerstört, andererseits der Kanalquerschnitt durch Verdrängung des Erdreiches entsprechend vergrößert. Im selben Arbeitsschritt wird die Erneuerung der Kanalstrecke durch das Einziehen von am Berstkörper befestigten Rohrstützen bewerkstelligt.

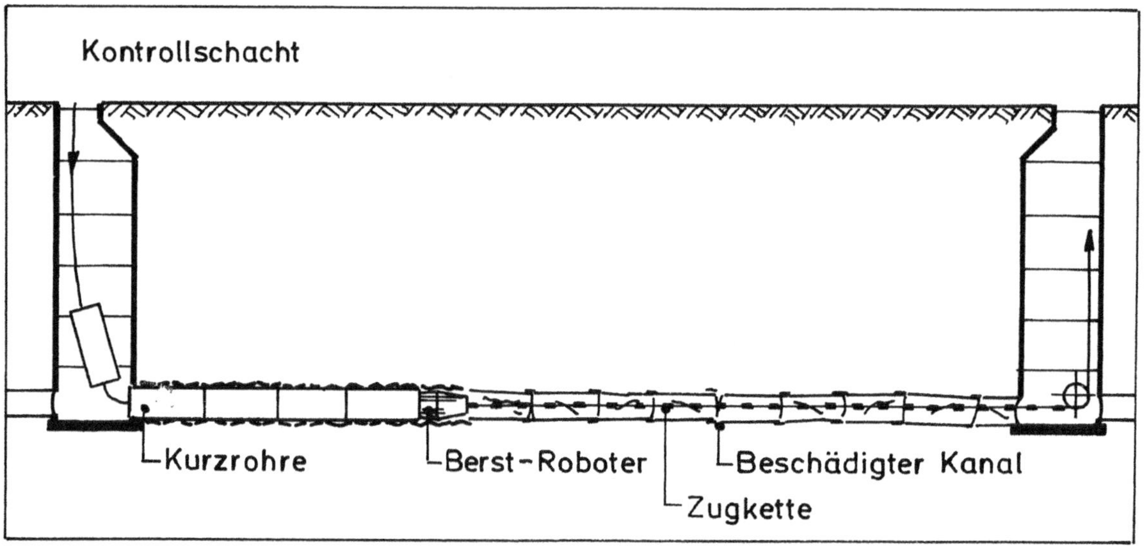

Abb. 5.34: Statisches Berstverfahren

Die Arbeiten werden entweder von bestehenden Schächten oder eigens hergestellten Start- und Zielschächten aus durchgeführt. Nach der Krafteinleitung beim Berstvorgang unterscheidet man:

- Statische Systeme
- Dynamische Systeme.

Statische Systeme

Bei dem derzeit eingesetzten statischen System (5/11) handelt es sich um eine englische Entwicklung; es erlaubt eine Zerstörung des bestehenden Rohrquerschnittes unter Anwendung eines statisch wirkenden Mechanismus.

Der eigentliche Berstkörper besteht bei diesem Verfahren aus drei, miteinander gelenkig verbundenen Teilen (zwei konische, ein zylindrischer).
Da der vorderste Teil des Berstkörpers einen geringeren Durchmesser als das zu erneuernde Rohr hat, kann der Mechanismus ein gewisses Stück in das Rohr eingezogen werden. Durch die Herstellung des Kraftschlusses zwischen Rohr und Verdrängungskörper wird der Aufweitungsmechanismus betätigt (Auseinanderpressen der radial gegliederten Mantelteile). Die Krafteinleitung erfolgt über einen im Berstkörper befindlichen Hydraulikzylinder. Diese Arbeitsweise bedingt einen diskontinuierlichen Vorschub.

Einsetzen läßt sich das System zur Erneuerung von Rohren aus

- unbewehrtem Beton
- Steinzeug
- Asbestzement

im Bereich DN 200 bis DN 400.
Als einzuziehende Rohre verwendet man GFK-, HDPE- und PP-Materialien; die Teilstücke weisen wasserdichte Rohrverbindungen auf. Der Einziehvorgang wird über eine hydraulisch betriebene Windevorrichtung mit Umleitung der Zugkette am Fuß des Zielschachtes bewerkstelligt.

Dynamische Systeme

Bei den dynamisch arbeitenden Berstverfahren erfolgen die Zerstörung des bestehenden Rohres und die Aufweitung durch dynamische Krafteinleitung.

Der eigentliche Berstkörper ist ein modifizierter Erdverdrängungshammer; die dynamische Kraftwirkung kann auch durch hydraulisch ausfahrbare Brecharme verstärkt werden.
Das Einziehen der neuen Leitung geschieht wie beim statischen System in einem Arbeitsgang. (Dabei werden sowohl Kurzrohre als auch komplette Rohrstränge eingezogen. Nachteile beim Einziehen von Leitungssträngen sind der große Biegeradius und die große Baugrube.)

Die dynamischen Berstverfahren sind durch folgende Grenzwertangaben zu charakterisieren:

Nennweite/bestehende Leitung: DN 75 bis DN 229
Außendurchmesser/neue Leitung: 110 bis 340mm
mögliche Länge des Arbeitsabschnittes: 70 bis 120m.

Der Startschacht sollte über einen Mindestdurchmesser von 2m verfügen; nach Herstellerangaben liegt die Vortriebsgeschwindigkeit in einem Bereich von 1,0 bis 2,5m/min.

Zu betonen bleibt, daß die dynamischen Berstverfahren ebenfalls auf einer englischen Entwicklung basieren, die für die Anwendung im Abwasserbereich in mehrere Systeme weiterentwickelt wurde.

Bei statischen wie auch dynamischen Systemen hängt die Einsatzmöglichkeit von der Verdrängbarkeit des anstehenden Bodens ab; daher sind bei der Anwendung derartiger Verfahren genaue Bodenuntersuchungen im Vorplanungsstadium notwendig.

Ohne auf die grundbauliche Problematik näher einzugehen, soll insbesondere auf die Bedingung verwiesen werden, daß die in den Boden eingebrachten Verformungen keine Veränderungen an der Geländeoberfläche (Straße) bewirken.

5.3.2. OFFENE BAUWEISE

Die Kanalsanierung in offener Bauweise (in Wien traditionell als "Umbau" bezeichnet) stellt die bisher geübte Sanierungspraxis von Kanalisationsleitungen dar.
Da sich das Themengebiet des vorliegenden Berichtes auf die Behandlung unterirdischer Sanierungsverfahren beschränkt, wird auf die technischen Fragen bei der Kanalsanierung in offener Bauweise nicht näher eingegangen.

Wesentlicher Einflußfaktor bezüglich der Festlegung zugunsten einer unterirdischen Kanalsanierung ist der im Einzelfall zu ziehende Kostenvergleich mit der herkömmlichen Sanierung in offener Bauweise. Wegen der zur Zeit noch laufenden Weiterentwicklung zahlreicher Methoden in verfahrenstechnischer und organisatorischer Hinsicht sowie der jeweils zu berücksichtigenden Einflußfaktoren, wie

- Zerstörungsgrad der bestehenden Profile
- Möglichkeiten der Baustelleneinrichtung
- Fragen der Wasserhaltung etc.,

können allerdings keine verläßlichen Richtwerte oder Verhältniszahlen angegeben werden.

An dieser Stelle soll ausdrücklich auf den in der bisherigen Diskussion meist vernachlässigten Bereich der sogenannten Umwegrentabilität hingewiesen werden. Zur Berücksichtigung dieses Faktors sind alle Kosten, die bis dato meist unberücksichtigt blieben, bei der Bewertung der herkömmlichen Methoden (offene Bauweise) einzurechnen; die folgende Aufzählung erhebt jedoch keinen Anspruch auf Vollständigkeit:

- Umlegung anderer Versorgungseinrichtungen (Gas-, Wasser-, Stromleitungen)

- Verkehrsbehinderungen und deren weiträumige Auswirkungen

- Störung der Bevölkerung sowie des Geschäftslebens im Baustellenbereich.

5.4. ÜBERSICHT ÜBER DIE VERFAHREN

Ausgehend von dem in der Voruntersuchung ermittelten Schadensbild, finden sich in der folgenden tabellarischen Übersicht die für die unterirdische Sanierung relevanten Verfahren.

(Die Zusammenstellung dieser Matrix erfolgte gemeinsam mit den Vertretern der einschlägigen Firmen.)

Auf die Verfahren unter Heranziehung der Hochdruckbodenvermörtelung wird unter dem Sammelbegriff "Injektionen" in der Gruppe "Abdichtende Systeme" eingegangen. Je nach dem Ausmaß der Sanierungsflächen können diese Verfahren auch als "selbsttragend" eingestuft werden.

Die Verfahren der Herstellung in alter Trasse

- Horizontalbohrung
- Preßrohrvortrieb
- Verdrängungsverfahren

wurden nicht in der Matrix erfaßt, da der Einsatz von dem nicht mehr sanierungswürdigen Zustand des bestehenden Kanals abhängt. (Dies kann allerdings bei den unterschiedlichen Schadensbildern der Fall sein.)

SCHÄDEN	SANIERUNGSVERFAHREN	abdichtende Systeme												abdichtende, mit- sowie selbsttragende Systeme									FLANKIERENDE MASSNAHMEN
		chemische Sanierungs-methoden			Injek-tionen		Beschich-tungen		Teil-auskleidungen			Sanierung von Rohr-verbin-dungen		Aus-schleu-dern	Ortbeton-ausklei-dung	Spritz-verfahren/ Spezial-Spritzverf.	Fertigteil-innen-ausbau	Einziehverfahren					
		Abdichtung	Imprägnierung	Beschichtung	Injektion von innen	Hochdruck-Bodenvermörtelung	Ausschleudern	Spritzverfahren	Mörtelausbesserung	Auskleiden mit Fertigteilen	Auskleiden mit Kunststoffen	begehbare Kanäle	nicht begehbare Kanäle					mit Thermoplasten, Duromeren	mit GFK-Rohren	mit Schläuchen	mit Polymer-Beton	Wickelverfahren*)	
BETONKANÄLE – ORT-, STAHL-, STAHLFASERBETONKANÄLE	Anschluß schadhaft																						●
	vorstehender Anschluß																						●
	Versatz																						●
	Ablagerungen																						●
	Blockierung																						●
	Wurzeleinwuchs										●	●	●										●
	Riß	●	●		●						●	●	●		●	●		●	●	●		●	
	Bruch	●	●							●	●	●	●	●	●	●	●	●	●	●	●	●	
	Fuge offen	●	●		●						●	●	●			●		●	●	●		●	
	Sohlenschaden	●	●	●	●			●	●	●	●		●			●		●	●	●	●	●	
	Verputzschaden	●	●	●			●	●	●		●		●	●	●	●		●	●	●		●	
	mangelnde Betondeckung		●				●	●			●		●	●	●	●	●	●	●	●	●	●	●
	Wassereintritte	●	●		●	●					●	●	●		●	●	●	●	●	●		●	

*) Wenn Querschnittsverminderung möglich, kann im Wickelverfahren ein Kreisprofil hergestellt und verdämmt werden.

		SCHÄDEN	SANIERUNGSVERFAHREN: abdichtende Systeme												abdichtende, mit- sowie selbsttragende Systeme									FLANKIERENDE MASSNAHMEN
			chemische Sanierungsmethoden			Injektionen		Beschichtungen		Teilauskleidungen			Sanierung von Rohrverbindungen		Ausschleudern	Ortbetonauskleidung	Spritzverfahren/ Spezial-Spritzverf.	Fertigteilinnenausbau	Einziehverfahren					
			Abdichtung	Imprägnierung	Beschichtung	Injektion von innen	Hochdruck-Bodenvermörtelung	Ausschleudern	Spritzverfahren	Mörtelausbesserung	Auskleiden mit Fertigteilen	Auskleiden mit Kunststoffen	begehbare Kanäle	nicht begehbare Kanäle					mit Thermoplasten, Duromeren	mit GFK-Rohren	mit Schläuchen	mit Polymer-Beton	Wickelverfahren*)	
BETONKANÄLE	FERTIGTEILKANÄLE	Anschluß schadhaft																						●
		vorstehender Anschluß																						●
		Versatz																						●
		Ablagerungen																						●
		Blockierung																						●
		Wurzeleinwuchs											●	●										●
		Stoßfuge beschädigt	●		●					●			●	●		●	●	●	●				●	
		Riß	●	●	●	●	●	●	●				●	●	●	●	●	●	●		●		●	
		Bruch	●		●		●	●	●		●		●	●	●	●	●	●	●	●	●	●	●	
		Stoßfuge klaffend	●		●							●	●	●	●	●	●	●	●		●		●	
		Sohlenschäden	●	●	●				●		●	●			●		●	●	●	●	●	●	●	
		Wassereintritte	●	●	●	●	●					●	●	●		●	●	●	●	●	●		●	

*) Wenn Qu[illegible]hnittsverminderung möglich, kann im Wickelverfahren ein Kreisprofil hergestellt und verdämmt werden.

SCHÄDEN		SANIERUNGSVERFAHREN: abdichtende Systeme												abdichtende, mit- sowie selbsttragende Systeme									FLANKIERENDE MASSNAHMEN
		chemische Sanierungs-methoden			Injek-tionen		Beschich-tungen		Teil-auskleidungen			Sanierung von Rohr-verbin-dungen		Aus-schleu-dern	Ortbeton-ausklei-dung	Spritz-verfahren/ Spezial-Spritzverf.	Fertigteil-innen-ausbau	Einziehverfahren					
		Abdichtung	Imprägnierung	Beschichtung	Injektion von innen	Hochdruck-Bodenvermörtelung	Ausschleudern	Spritzverfahren	Mörtelausbesserung	Auskleiden mit Fertigteilen	Auskleiden mit Kunststoffen	begehbare Kanäle	nicht begehbare Kanäle					mit Thermoplasten, Duromeren	mit GFK-Rohren	mit Schläuchen	mit Polymer-Beton	Wickelverfahren	
ROHRKANÄLE (AUCH BETONROHRE)	Anschluß schadhaft																						●
	vorstehender Anschluß																						●
	Versatz																						●
	Ablagerungen																						●
	Blockierung																						●
	Wurzeleinwuchs											●	●										●
	Rohrmuffe beschädigt	●		●	●		●	●		●	●	●	●		●	●	●	●	●	●		●	
	Riß	●		●	●		●	●		●	●	●	●	●	●	●	●	●	●	●		●	
	Bruch	●		●	●		●	●		●	●	●	●	●	●	●	●	●	●	●		●	
	Rohrstoß klaffend	●		●	●		●	●		●	●	●	●	●	●	●	●	●	●	●		●	
	Wassereintritte	●	●	●	●	●	●	●		●	●	●	●	●	●	●	●	●	●	●		●	

SCHÄDEN		SANIERUNGSVERFAHREN: abdichtende Systeme												abdichtende, mit- sowie selbsttragende Systeme									FLANKIERENDE MASSNAHMEN
		chemische Sanierungs-methoden			Injek-tionen		Beschich-tungen		Teil-auskleidungen			Sanierung von Rohr-verbin-dungen		Aus-schleu-dern	Ortbeton-ausklei-dung	Spritz-verfahren/ Spezial-Spritzverf.	Fertigteil-innen-ausbau	Einziehverfahren					
		Abdichtung	Imprägnierung	Beschichtung	Injektion von innen	Hochdruck-Bodenvermörtelung	Ausschleudern	Spritzverfahren	Mörtelausbesserung	Auskleiden mit Fertigteilen	Auskleiden mit Kunststoffen	begehbare Kanäle	nicht begehbare Kanäle					mit Thermoplasten, Duromeren	mit GFK-Rohren	mit Schläuchen	mit Polymer-Beton	Wickelverfahren*)	
HYDRAUER-KANÄLE	Anschluß schadhaft																						●
	vorstehender Anschluß																						●
	Ablagerungen																						●
	Blockierung																						●
	Wurzeleinwuchs											●											●
	Riß	●		●	●		●	●		●	●	●	●		●	●		●	●	●		●	
	Bruch	●		●			●	●		●	●	●	●		●	●		●	●	●		●	
	Sohlenauswaschungen			●			●	●		●					●	●	●	●	●	●	●	●	
	fehlende Sohlenverkleidung								●	●					●	●	●		●	●			
	Zersetzung		●	●		●	●	●		●	●		●		●	●	●	●	●	●	●	●	
	Wassereintritte	●		●	●	●	●	●		●	●	●	●		●	●	●	●		●		●	

*) Wenn Querschnittsverminderung möglich, kann im Wickelverfahren ein Kreisprofil hergestellt und verdämmt werden.

SCHÄDEN	SANIERUNGSVERFAHREN	abdichtende Systeme												abdichtende, mit- sowie selbsttragende Systeme									FLANKIERENDE MASSNAHMEN
		chemische Sanierungsmethoden			Injektionen		Beschichtungen		Teilauskleidungen			Sanierung von Rohrverbindungen		Ausschleudern	Ortbetonauskleidung	Spritzverfahren/ Spezial-Spritzverf.	Fertigteilinnenausbau	Einziehverfahren					
		Abdichtung	Imprägnierung	Beschichtung	Injektion von innen	Hochdruck-Bodenvermörtelung	Ausschleudern	Spritzverfahren	Mörtelausbesserung	Auskleiden mit Fertigteilen	Auskleiden mit Kunststoffen	begehbare Kanäle	nicht begehbare Kanäle					mit Thermoplasten, Duromeren	mit GFK-Rohren	mit Schläuchen	mit Polymer-Beton	Wickelverfahren*)	
ZIEGELKANÄLE	Anschluß schadhaft																						●
	vorstehender Anschluß																						●
	Versatz																						●
	Ablagerungen																						●
	Blockierung																						●
	Wurzeleinwuchs											●											●
	Mörtelauflösung			●		●	●	●			●		●		●	●	●	●	●	●		●	
	Riß	●		●	●		●	●			●	●	●		●	●		●	●	●		●	
	Bruch	●		●		●	●	●		●	●	●	●		●	●	●	●	●	●	●	●	
	Sohlenauswaschungen	●	●	●					●	●	●		●		●	●	●	●	●	●	●	●	
	innere Zersetzung	●		●					●	●	●		●		●	●	●	●	●	●	●	●	
	Wassereintritte	●	●	●	●	●			●		●	●	●		●	●	●	●	●	●		●	

*) Wenn Querschnittsverminderung möglich, kann im Wickelverfahren ein Kreisprofil hergestellt und verdämmt werden.

SCHÄDEN		SANIERUNGSVERFAHREN	abdichtende Systeme												abdichtende, mit- sowie selbsttragende Systeme									FLANKIERENDE MASSNAHMEN
			chemische Sanierungsmethoden			Injektionen		Beschichtungen		Teilauskleidungen			Sanierung von Rohrverbindungen		Ausschleudern	Ortbetonauskleidung	Spritzverfahren/ Spezial-Spritzverf.	Fertigteilinnenausbau	Einziehverfahren					
			Abdichtung	Imprägnierung	Beschichtung	Injektion von innen	Hochdruck-Bodenvermörtelung	Ausschleudern	Spritzverfahren	Mörtelausbesserung	Auskleiden mit Fertigteilen	Auskleiden mit Kunststoffen	begehbare Kanäle	nicht begehbare Kanäle					mit Thermoplasten, Duromeren	mit GFK-Rohren	mit Schläuchen	mit Polymer-Beton	Wickelverfahren	
SONDERBAUTEILE	SCHÄCHTE	Sohle schadhaft	●	●	●	●		●	●		●	●				●	●		●	●	●	●		
		Verputzschäden	●	●	●	●		●	●	●		●				●	●		●		●			
		Steigeisen durchrostet																						●
		oberer Bereich verschoben																						●
		Undichtheit	●	●	●	●		●	●	●		●	●			●	●	●	●		●		●	

LITERATUR

5/1 *Branso Ultraschall-Reinigungsgeräte GmbH, BRD: Firmeninformation.*

5/2 *Brux, Linder u. Ruffert: Spritzbeton, Spritzmörtel und Spritzputz. Köln: Verlagsgesellschaft Müller.*

5/3 *Csanda, F. et al.: Superaqua-S. Patentschrift DBP DE 33 34 508 A1.*

5/4 *ETR Tiefbautechnik GesmbH, Wiener Neudorf: Rohrerneuerung mit System. Firmeninformation.*

5/5 *Hayden, R.: Verfahren zur Instandsetzung von Kanälen. Patentanmeldung (A); Anmelder: Perlmooser Zementwerke AG.*

5/6 *Hörlesberger GmbH: Grout Jetting. Firmeninformation.*

5/7 *HTS-Konstrukta Energie- u. Bautechnik GesmbH, Wien: Spezialspritzverfahren als selbsttragende Spritzbeton-Sperrschicht. Firmeninformation. (Hazet BaugesmbH.)*

5/8 *Jung, F.: Beton für Abwasserleitungen. In: Neues vom Bau 3/4 (1982); Verband Österr. Beton- und Fertigteilwerke.*

5/9 *Jung, F. u. Hayden, R.: Verfahren zur Wiederherstellung von einsturzgefährdeten Kanälen, insbesondere Profilkanälen. Patentanmeldung (A); Anmelder: Perlmooser Zementwerke AG.*

5/10 *Kanal-Müller-Gruppe, Kanal- u. Rohrleitungsbau GmbH, BRD: Abwasserkanalunterhaltung - ein Beitrag zum Umweltschutz. Firmeninformation. In: 3 R international, 23. Jg., H. 5.*

5/11 *Kanal-Müller-Gruppe, Kanal- u. Rohrleitungsbau GmbH, BRD: Unterirdischer Kanal-Neubau. KM-Berstlining. Firmeninformation.*

5/12 *Linder: Schälen, Trennen und Abbrechen von Betonbauteilen. Berlin u. München: W. Ernst & Sohn.*

5/13 *Loibelsberger & Co., Wien: Innenrohrsanierung ohne Aufgrabung. Firmeninformation.*

5/14 *Magnus, W.: Planung und Ausführung von Sanierungsmöglichkeiten im Tunnelbau. (= Mitteilung 83-1 des Institutes für Konstruktiven Ingenieurbau der Ruhr-Universität Bochum.)*

5/15 *Martak, L.: Hochdruckbodenvermörtelung aus grundbautechnischer Sicht. In: Zement und Beton, 31. Jg., H. 2 (1986).*

5/16 *Rekker, W.: Anwendung der Hochdruckbodenvermörtelung als Unterfangungsmaßnahme. In: Zement und Beton, 31. Jg., H. 2 (1986).*

5/17 *Ribbert, H. et al.: Substanzerhaltung von Beton-Abwasserkanälen. Patentschrift P 332 4182.1.*

5/18 *Rybicki, R.: Bauschäden an Tragwerken. Teil 2: Beton und Stahlbetonarbeiten. Düsseldorf: Werner-Verlag.*

5/19 *Stehno, V.: Superaqua-Kanalsanierungsverfahren. Beurteilung und Untersuchung der Umweltverträglichkeit nach internationalen Richtlinien. Gutachten. Wien: 1987.*

5/20 *Stein, D. u. Niederehe, W.: Instandhaltung von Kanalisationen. Berlin: W. Ernst & Sohn, 1987.*

5/21 *Stelzl, H.: Anwendung der Hochdruckbodenvermörtelung zur Herstellung neuer Gründungselemente und als Hohlraumsicherung im Tunnelbau. In: Zement und Beton, 31. Jg., H. 2 (1986).*

5/22 *Travnicek, R.: Auskleidung von Kanälen. In: Österr. Wasserwirtschaft 9 (1987).*

5/23 *Travnicek, R. et al.: F 882: Rekonstruktion von Wasserver- und -entsorgungsstollen. Forschungsbericht, gefördert vom Bundesministerium für Bauten und Technik (heute Bundesministerium für Wirtschaftliche Angelegenheiten). Wien, 1987.*

5/24 *Unitec, Wien: Kanal-Prüf- und -Absperrgeräte. Firmeninformation.*

5/25 *Wesche, K.: Baustoffe für tragende Bauteile. Wiesbaden u. Berlin: Bauverlag GmbH.*

Vorschriften, Empfehlungen, Merkblätter

Grundlagen für die Inspektion, Instandsetzung, Sanierung und Erneuerung von Abwasserkanälen und -leitungen. Ein Regelwerk der Abwassertechn. Vereinigung e.V. (ATV) in Zusammenarbeit mit dem Verband Kommunaler Städtereinigungsbetriebe (VKS). Merkblatt, Entwurf 20.02.1987.

6. HINWEISE ZUR AUSSCHREIBUNG

Um den Umfang des vorliegenden Berichtes zu begrenzen bzw. aufgrund der Überlegung, daß bereits zahlreiche Ansätze für Musterleistungsverzeichnisse existieren, wird von einem Ausschreibungstext, der die im Kapitel "Sanierungsverfahren" genannten Verfahren beschreibt, abgesehen.
In der folgenden kurzen Zusammenstellung sollen jedoch die Punkte besprochen werden, die bei der Erstellung eines auf österreichische Verhältnisse zugeschnittenen Leistungsverzeichnisses wichtig sind. Diese Ansätze lassen sich sicher auch bei der Erarbeitung anderer Leistungsverzeichnisse anwenden. (Leistungsverzeichnisse für Österreich werden nach Abschluß der Erprobungsphase gesondert in entsprechender Form veröffentlicht.)

6.1. VORBEREITUNGSMASSNAHMEN

6.1.1. REINIGUNG

Bei den Vorbereitungsmaßnahmen ist neben der vom Bauherrn oder von einem im Auftrag des Bauherrn handelnden Planer erstellten Aufnahme der Sanierungsstrecke (Bestandteil der Ausschreibungsunterlagen) die Besichtigungs- (und Untersuchungs)möglichkeit für die ausführenden Firmen sicherzustellen.

Verfahrensabhängig muß in der Ausschreibung die entsprechende Reinigung des bestehenden Kanalprofils (erneuernde Verfahren ausgenommen) durch eigene Positionen erfaßt werden. Zu beachten ist, daß die vor der Kanaluntersuchung durchzuführende Reinigung (vgl. Kapitel "Sanierungsverfahren"/Einleitung) in einer eigenen Position aufscheint.

6.1.2. VORBEREITUNG DER NEBENBAUWERKE

Eine weitere Positionsgruppe im Rahmen der Vorbereitungsmaßnahmen sollte die an Nebenbauwerken (Einstiegschächte, Einmündungen etc.) auszuführenden Vorbereitungsmaßnahmen enthalten (Reinigung, Erweiterung der Einstiegöffnungen usw.).

6.1.3. EINRICHTUNGEN ZUR WASSERHALTUNG

Der wesentlichste Punkt der Vorbereitungsmaßnahmen wird durch die Einrichtung der zur Wasserhaltung während der Sanierungsmaßnahmen erforderlichen Geräte und Einbauten bestimmt.

Umfang und Dauer des Betriebes der Wasserhaltung hängen von verfahrensspezifischen Randbedingungen ab (siehe Kapitel "Aufrechterhaltung des Betriebes"). Daher sollte im Ausschreibungstext unbedingt auf diese Korrelation hingewiesen werden; die Textierung der einzelnen Positionen dieser Gruppe kann anhand der im Kapitel "Aufrechterhaltung des Betriebes" erwähnten Möglichkeiten erfolgen.

6.1.4. BAUSTELLENEINRICHTUNG

Wie die Wasserhaltung hängt die Baustelleneinrichtung wesentlich vom gewählten Sanierungsverfahren ab.

Im Kapitel "Sanierungsverfahren" wurde in den technischen Verfahrensbeschreibungen versucht, auch Angaben über den Umfang der notwendigen Baustelleneinrichtung in bezug auf maschinentechnische Vorkehrungen wie auch benötigte Flächen (Lagerflächen und Flächen am Einbauort) zu liefern. Aus den dabei festgestellten Anforderungen ergibt sich nachstehender - zu den bei Umbauten zu beachtenden Punkten - Katalog an Maßnahmen, die durch entsprechende Positionen abzudecken sind:

- Einrichtungen direkt am Sanierungsort (Einstiegschacht) hinsichtlich Platzbedarf, Energieversorgung und Absicherungsmaßnahmen

- Lagerflächen in unmittelbarer Nähe der Baustelle hinsichtlich Platzbedarf

- Absicherungsmaßnahmen im Zug der Sanierungsstrecke.

6.1.5. RECHTLICHE VORBEREITUNG ZUR SANIERUNG DER HAUSANSCHLÜSSE

Die Sanierung der Hausanschlüsse gleichzeitig mit dem Hauptstrang bildet vom technischen Aspekt her eine grundlegende Voraussetzung für die einwandfreie, vollständige Sanierung. Auf jeden Fall können längerfristige Maßnahmen zur Wasserhaltung (vgl. Kapitel "Aufrechterhaltung des Betriebes") einen Eingriff in den Bereich der angeschlossenen Häuser bedeuten.

Da die momentane Rechtslage vielfach dieser Forderung noch nicht Rechnung trägt, sind vor der Durchführung der eigentlichen Sanierungsmaßnahmen Vereinbarungen mit dem jeweiligen Hauseigentümer zu schließen. Im Idealfall ist dies von der ausschreibenden Stelle (oder einem von ihr beauftragten Planer) vor Inangriffnahme der Arbeiten zu realisieren. Im Einzelfall (Vergabe eines größeren Bauloses etc.) besteht auch die Möglichkeit, diese Vereinbarungen von der ausführenden Firma treffen zu lassen. Dann ist ein entsprechender Zeitraum für die Durchführung der nötigen Verhandlungen einzukalkulieren bzw. dieser Punkt im Leistungsverzeichnis aufzunehmen.

6.2. POSITIONEN ZUR EIGENTLICHEN SANIERUNG

Die Positionen, die sich auf die eigentlichen Sanierungsmaßnahmen beziehen, sollen folgende Punkte enthalten:

6.2.1. ANFORDERUNGEN AN DIE SANIERTE KANALSTRECKE

Als Ausgangspunkt für die Kalkulation der Sanierungsmaßnahmen ist neben der Angabe

- der geometrischen Daten
- und des Zustandes

der Sanierungsstrecke ein Anforderungsprofil vom Ausschreibenden vorzugeben:

- Geometrische Anforderungen:
  Profilquerschnitt (nach Sanierung)
  Höhenverlauf (max./min. Gefälle)
  Querschnitte der Einstiegschächte

- Physikalische Anforderungen:
  Angabe der mechanischen Kennwerte
  Auflistung der zu führenden Nachweise

- Chemische Anforderungen:
  Angaben über die vom Material zu bestehenden chemischen Angriffe
  Angaben zur Umweltverträglichkeit der verwendeten Produkte.

Zu allen Vorgaben ist die Durchführung von Überprüfungen gemäß folgender Kriterien zu regeln:

- Nachweis durch den Ausführenden:
  Laborprüfung
  In-situ-Versuche

- Überprüfung durch den Bauherrn.

Ebenfalls im Leistungsverzeichnis festzuhalten sind die Zeitpunkte für die einzelnen Prüfvorgänge.

Was die erwähnten Anforderungen betrifft, liegen einheitliche Werte noch nicht vor; die Festsetzung ist daher in vielen Fällen der ausschreibenden Stelle vorbehalten.

6.2.2. DURCHFÜHRUNG DER SANIERUNG

Die Positionen, die sich auf die eigentliche Sanierung beziehen, können anhand der technischen Beschreibungen der Verfahren laut Kapitel "Sanierungsverfahren" textiert werden.

Aufgrund der bisherigen Erfahrungen hat sich als Verrechnungseinheit für die meisten Leistungen der "Laufmeter sanierte Kanalstrecke" als günstig erwiesen. Dadurch wird überdies die Vergleichbarkeit technologisch unterschiedlicher Verfahren weitgehend gewährleistet.

Wichtig sind die Vorgaben bezüglich der Gesamtsanierungsdauer (vom Beginn der Vorbereitungsmaßnahmen bis zur Räumung der Baustelle) und in bezug auf den Abschluß des Sanierungsabschnittes.

6.2.3. SANIERUNG VON NEBENBAUWERKEN

Die Sanierung von Nebenbauwerken (Einstieg-, Abfallschächte) muß bezüglich der Anforderungen und Überprüfungen ähnlich wie die Sanierung der Hauptkanalstrecke beschrieben werden. Bedeutend bei der Textierung der einschlägigen Positionen ist die Abgrenzung im Hinblick auf die Abrechnung, um Überschneidungen (z.B. zwischen Hauptkanal und Einstiegschacht) oder Nichtberücksichtigung von Abrechnungsbereichen zu vermeiden.

6.2.4. ZUSATZMASSNAHMEN

Unter den Begriff "Zusatzmaßnahmen" fallen z.B. nach der eigentlichen Sanierung einzubringende Sohlschalen. Derartige Maßnahmen sind aufgrund der gestellten Anforderungen vom Bauherrn festzulegen (sofern nicht integrierender Bestandteil des angewendeten Verfahrens).

6.3. ERWEITERUNG BESTEHENDER LEISTUNGSVERZEICHNISSE

Da die betroffenen ausschreibenden Stellen bereits über Musterleistungsverzeichnisse zur Neuherstellung von Straßenkanälen verfügen, existiert die Möglichkeit, entweder die Positionen für unterirdische Verfahren den vorhandenen Texten einzugliedern oder vollkommen neue Leistungsverzeichnisse auszuarbeiten.

Infolge der jüngsten ausführlichen Diskussionen über die Erstellung entsprechender Leistungsverzeichnisse für Österreich scheint nach dem derzeitigen Erfahrungsstand die Erarbeitung eigener Leistungsverzeichnisse vorteilhaft.

LITERATUR

6/1 *Bundesministerium für Wirtschaftliche Angelegenheiten (vorm. Bundesministerium für Bauten und Technik), Hrsg.: Standardisierte Leistungsbeschreibung für den Hochbau (LB-H). Tochterleistungsbeschreibung zum Österreichischen Standardleistungsbuch, H. 4a: Baumeisterarbeiten, Abschnitt 06: Kanalisierungsarbeiten, erstellt von der Arbeitsgruppe Hochbau im Österr. Ingenieur- und Architekten-Verein und vom Österr. Institut für Bauforschung.*
Wien: Österr. Ingenieur- und Architekten-Verein, Kommissionsverlag, 1985.

6/2 *Magistrat der Stadt Wien: LKW. Standardisierte Leistungsbeschreibung für Kanal- und Wasserleitungsbau. Stand: 1.4.1988.*

6/3 *ÖGEB, Hrsg.: Musterleistungsverzeichnis für unterirdische Kanalsanierungen (in Vorbereitung).*
Wien.

(Die für die Erstellung von Leistungsverzeichnissen heranzuziehenden DIN und ÖNORMEN werden nicht separat aufgelistet.)

QUELLENHINWEISE

Firmen- und produktspezifische Unterlagen sowie einschlägiges Dokumentationsmaterial wurden von den im folgenden genannten ausführenden Firmen zur Verfügung gestellt:

ALLGEMEINE BAUGESELLSCHAFT - A. PORR AG
AUMANN, KELLER & PICHLER KG
ETERNIT-WERKE L. HATSCHEK AG
HAZET BAUGESMBH
NEUE REFORMBAU GESMBH
PERLMOOSER ZEMENTWERKE AG
UNIVERSALE-BAU AG
WIENERBERGER BAUSTOFFINDUSTRIE AG.

Unterlagen über Verfahren unter Verwendung von Kunststoffprodukten übermittelte das ÖSTERREICHISCHE KUNSTSTOFFINSTITUT.

Christian Menn
Stahlbeton-brücken
1986. 514 Abbildungen.
XV, 533 Seiten.
Gebunden DM 158,–, öS 1100,–
ISBN 3-211-81936-3
Springer-Verlag
Wien New York
Mölkerbastei 5, Postfach 367, A-1011 Wien;
Heidelberger Platz 3, D-1000 Berlin 33;
175 Fifth Avenue, New York, NY 10010, USA; 37-3, Hongo 3-chome, Bunkyo-ku, Tokyo 113, Japan

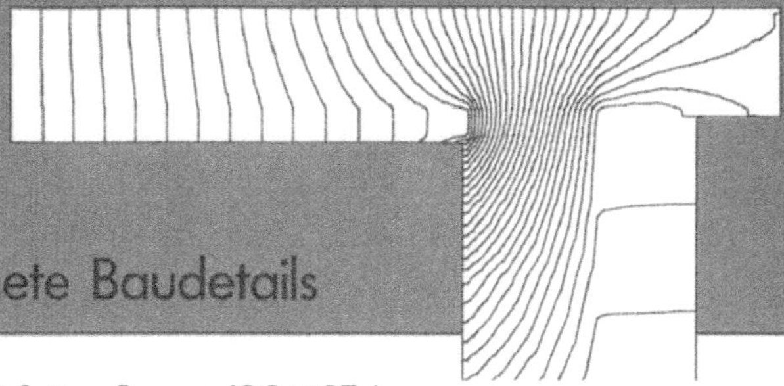